科学出版社“十四五”普通高等教育本科规划教材
葡 萄 与 葡 萄 酒 工 程 专 业 系 列 教 材

葡萄酒卫生学

李 华 董树萌 阮仕立 刘 旭 编著

科 学 出 版 社
北 京

内 容 简 介

葡萄酒卫生与其他食品卫生一样，涉及原料生产、加工、产品贮运、销售的整个过程。本书内容在充分吸收最新的生产、科研和理论成果及相关法规的同时，也注重实用性和可操作性，在介绍了表面种类、污物、清洗与消毒、厂房及设施卫生等基本理论和方法的基础上，汇集了危害分析与关键控制点的大部分原则，介绍了葡萄酒行业的每个企业必须实施的基本良好操作，描述了危害分析和针对每种危害的具体建议，并给出了管控这些危害的建议和工具。

本书可作为葡萄酒相关专业学生的教材，也可作为葡萄酒、果酒和饮料生产企业及相关科研和技术人员的参考用书或实用手册。

图书在版编目（CIP）数据

葡萄酒卫生学 / 李华等编著. —北京：科学出版社，2022.9
科学出版社"十四五"普通高等教育本科规划教材 葡萄与葡萄酒工程专业系列教材
ISBN 978-7-03-073158-6

Ⅰ. ①葡… Ⅱ. ①李… Ⅲ. ①葡萄酒–食品卫生–高等学校–教材
Ⅳ. ①TS262.6

中国版本图书馆 CIP 数据核字（2022）第 168707 号

责任编辑：席 慧 韩书云 / 责任校对：严 娜
责任印制：吴兆东 / 封面设计：蓝正设计

科学出版社 出版
北京东黄城根北街 16 号
邮政编码：100717
http://www.sciencep.com
北京凌奇印刷有限责任公司印刷
科学出版社发行 各地新华书店经销
*
2022 年 9 月第 一 版 开本：787×1092 1/16
2025 年 8 月第四次印刷 印张：9 1/2
字数：240 000

定价：39.80 元

（如有印装质量问题，我社负责调换）

前　言

自2000年我们编著出版我国第一部《葡萄酒卫生学》以来，葡萄酒的生产、消费等各方面都发生了巨大的变化。除了葡萄酒消费的变化，以及为适应市场，对产品风格的必要调整，葡萄酒生产过程也发生了很大的变化，出现了新的投入品、材料、技术和酿酒方法。现在的分析方法可以检测到痕量对消费者健康有害的成分。但在大众的心目中，葡萄酒仍然是传统方法的产物，没有病原体，也不存在任何健康问题。目前，网络的发展使媒体和消费者越来越多地关注葡萄酒安全的主题，所涉及的内容有时令人担忧，并产生了许多损害葡萄酒行业形象的问题。

与此同时，我国及有关国家和国际法规在一般食品领域的风险分析与葡萄酒特定要求方面都有了很大的发展和变化。对于葡萄酒行业，我国立法部门先后出台和完善了一系列法律法规，基本涵盖了葡萄酒产业“从土地到餐桌”的各个环节，努力确保葡萄原料生产安全、葡萄酒生产过程及产品安全、流通规范和消费健康。该法律体系以《中华人民共和国食品安全法》为核心，以《中华人民共和国产品质量法》《中华人民共和国农产品质量安全法》《中华人民共和国标准化法》《中华人民共和国进出口商品检验法》《中华人民共和国进出境动植物检疫法》《中华人民共和国国境卫生检疫法》《中华人民共和国计量法》《中华人民共和国商标法》《中华人民共和国消费者权益保护法》《中华人民共和国反不正当竞争法》《中华人民共和国刑法》《中华人民共和国环境保护法》《中华人民共和国清洁生产促进法》等法律为补充，配合相关行政法规和标准对葡萄酒产业链进行法律监管。

在葡萄酒卫生方面，现行的GB 15037—2006《葡萄酒》中规定葡萄酒产品中不得添加合成着色剂、甜味剂、香精和增稠剂，并且卫生要求须符合强制性国家标准GB 2758—2012《食品安全国家标准　发酵酒及其配制酒》的规定，现行的GB 2758—2012在卫生方面引用了GB 2762《食品安全国家标准　食品中污染物限量》、GB 2761《食品安全国家标准　食品中真菌毒素限量》和GB 2760《食品安全国家标准　食品添加剂使用标准》。此外，该标准还规定了微生物（沙门氏菌和金黄色葡萄球菌）的限量。另外，GB 12696—2016《食品安全国家标准　发酵酒及其配制酒生产卫生规范》中还要求葡萄酒原料应符合GB 2763—2021《食品安全国家标准　食品中农药最大残留限量》中的相关规定。同时，国家还鼓励葡萄酒行业采用危害分析与关键控制点（HACCP）、良好操作规范（GMP）等危害管控体系，以保证葡萄酒从土地到餐桌的质量和安全。

本书在充分吸收最新的生产、科研和理论成果及相关法规的同时，也注重实用性和可操作性，在介绍了基本理论和方法的基础上，汇集了危害分析与关键控制点的大部分原则，介绍了葡萄酒行业的每个企业必须实施的基本良好操作，描述了危害分析和针对每种危害的具体建议，并给出了管控这些危害的建议和工具，可作为葡萄酒相关专业学生的教材，也可作为葡萄酒、果酒和饮料生产企业及相关科研和技术人员的参考用书或实用手册。

与所有科学技术一样，葡萄酒卫生学也是在不断发展变化的，读者参考本书时，必须注意新出现的危害、相关法规的修订，特别是注意本书的更新情况。

由于作者的水平有限，本书不可避免地会存在一些疏漏，敬请读者批评指正。

李 华

2021 年 3 月 4 日

目　录

《葡萄酒卫生学》教学课件索取单

凡使用本书作为教材的主讲教师，可获赠教学课件一份。欢迎通过以下两种方式之一与我们联系。本活动解释权在科学出版社。

1. 关注微信公众号“科学 EDU”索取教学课件

关注→“教学服务”→“课件申请”

2. 填写教学课件索取单拍照发送至联系人邮箱

姓名：	职称：	职务：
学校：	院系：	
电话：	QQ：	
电子邮箱（重要）：		
所授课程 1：		学生数：
课程对象：☐研究生 ☐本科（____年级） ☐其他________		授课专业：
所授课程 2：		学生数：
课程对象：☐研究生 ☐本科（____年级） ☐其他________		授课专业：
使用教材名称 / 作者 / 出版社： 扫码获取食品专业 教材最新目录		

联系人：席　慧　　咨询电话：010-64000815　　回执邮箱：xihui@mail.sciencep.com

1 绪　论

《中华人民共和国食品安全法》第一百五十条对“食品”的定义为：食品，指各种供人食用或者饮用的成品和原料以及按照传统既是食品又是药品的物品，但是不包括以治疗为目的的物品。GB/T 15091—1994《食品工业基本术语》对食品的定义是：可供人类食用或饮用的物质，包括加工食品、半成品和未加工食品，不包括烟草或只作药品用的物质。从食品卫生立法和管理的角度，广义的食品概念还涉及所生产食品的原料，食品原料种植，养殖过程接触的物质和环境，食品的添加物质，所有直接或间接接触食品的包装材料、设施，以及影响食品原有品质的环境。

1.1　食品卫生的概念

食品卫生（food hygiene）是为防止食品污染和有害因素危害人体健康而采取的综合措施。世界卫生组织（WHO）对食品卫生的定义是：确保食品在食物链所有阶段的安全和适宜性所需的所有条件和措施（FAO and WHO，2003）。其包括在食品的原料生产、加工、制造直至被人摄食为止的各个阶段中，为保证其安全性、有益性和完好性而采取的全部措施。食品卫生是公共卫生的组成部分，也是食品科学的内容之一。食品的营养素不足或过量，以及消化吸收关系引起的人体的健康障碍等，属于食品营养的问题，一般来说，不属于食品卫生学研究的范畴。

食品卫生学的任务是研究食品中存在的、威胁人体健康的有害因素的种类、来源、性质、作用、含量水平和控制措施，以提高食品的安全性，预防食源性疾病，保护食品食用者健康。

食品中可能存在的有害因素按来源分为以下 4 类。

（1）食品污染物。任何在生产、加工、储存、运输、销售等过程中无意混入食品中，可能危及食品的安全性或适宜性的生物、化学剂、异物或其他物质。

（2）食品添加剂。

（3）食品中天然存在的有害物质，如大豆中存在的蛋白酶抑制剂。

（4）食品加工、保藏过程中产生的有害物质，如酿酒过程中产生的甲醇、杂醇油等有害成分。

有害因素按性质可分为生物性因素、化学性因素和物理性因素三类。食品中可能存在的有害因素，其性质、作用各不相同，在食品中含量水平的监测研究方法和允许的限量也不同。对食品中可能存在的有害因素的控制措施主要是依照道德规范、法律规范和技术规范在全社会开展食品卫生工作：政府设立机构，依法进行食品卫生监督检验；制定食品卫生标准和管理办法等；向群众和食品生产经营人员宣传卫生知识，自觉遵守卫生法规、卫生标准，抵制不卫生的行为。

食品是人类生命活动的物质基础之一，它必须具备以下三个基本条件。

（1）具备一定的营养成分与价值。

（2）在正常摄食条件下，不应对人体产生有害影响。

（3）具有良好的感官特性，即色、香、味、外形及硬度等，符合人们长期形成的概念。

所以食品的质量十分重要，《中华人民共和国食品卫生法》第六条规定："食品应当无毒、无害，符合应当有的营养要求，具有相应的色、香、味等感官性状。""无毒、无害"是指正常人在食用情况下摄入可食状态的食品，不会对人体致病、造成危害，食品是安全的。同时，食品是有营养的，能促进健康。

卫生一词的意义是创造和维持一个防止疾病且有益于健康的生产环境。为了提供有益健康的食品，必须在清洁环境中，由身体健康的食品从业人员加工食品，防止微生物污染食品而引发食源性疾病，同时使引起食品腐败的微生物的繁殖减少到最低程度。有效卫生就是指能达到上述目标的过程。它包括如何维护、恢复或改进卫生操作规程与卫生环境等方面的原理。

食品卫生就是在保证食品的上述三个基本条件的基础上，研究食品直接或间接地危害人类健康的原因，防止食品败坏或中毒，以保证人们饮食生活的安全与舒适。为此，世界各国都制定了食品卫生法（或食品安全法）。食品卫生法及其有关法规通常包括指导和取缔两个方面。所谓指导，就是首先使食品行业的有关从业人员充分认识食品卫生的重要性，并制定各类食品的原料、生产、包装、贮运、使用等方面的标准，同时鼓励进行有关方面的研究、开发，以进一步完善这些标准，为消费者提供安全食品。取缔则是取缔各种生产、销售违反有关法规的食品，防止各种危害人类健康的食品进入流通领域。这就必须研究食品的腐败、酸败、有毒有害物质，以及病原微生物的污染及其防止措施，同时应注重食品的生产与食用方法，禁止销售危害健康的食品、食品添加剂、器具、容器等，以保证人体健康（李华和刘延琳，2000）。

1.2 葡萄酒卫生

葡萄酒卫生与其他食品卫生一样，涉及原料生产、加工、产品贮运和销售的整个过程。葡萄酒本身的质量安全风险主要由两部分构成，一是葡萄原料安全，二是葡萄酒酿造加工过程的安全。现行的《中华人民共和国食品安全法》第二十六条规定，食品安全标准应当包括食品、食品添加剂、食品相关产品中的致病性微生物，农药残留、兽药残留、生物毒素、重金属等污染物质以及其他危害人体健康物质的限量规定；食品添加剂的品种、使用范围、用量；与食品安全有关的质量要求；等等。因此，葡萄酒卫生是保障葡萄酒质量和安全的最高策略，必须落实到原料生产、加工、产品贮运和销售的各个环节。

1.2.1 葡萄原料安全

为了保证葡萄原料的质量和安全，GB/T 23543—2009《葡萄酒企业良好生产规范》做了如下规定：

8.2 葡萄原料控制与管理

要始终考虑到葡萄原料初级生产对葡萄酒的产品质量和安全性产生的重要影响，鼓励葡萄种植企业按照良好农业规范（GAP）等要求进行生产。

8.2.1 葡萄种植

8.2.1.1 葡萄栽培应在无污染的环境中进行，根据自然环境及品种特性，种植适栽品种。

8.2.1.2 葡萄种植过程中，根据土壤肥力的分析确定需要的施肥量，并以有机肥为主，化肥为辅。

8.2.1.3 葡萄病虫害防治应贯彻以综合防治为主的原则，采收前 1 个月不得使用杀虫剂，采摘前 10 天不得使用杀菌剂。葡萄农药使用应符合 GB 4285①的规定，使用国家允许的低毒化学杀虫剂，不得使用剧毒化学杀虫剂。

8.2.1.4 葡萄栽培中禁止使用催熟剂和着色剂，采收前 1 个月不能灌水。

8.2.1.5 葡萄产量：酿制优质白葡萄酒的葡萄每公顷产量不超过 15 000kg，酿制一般白葡萄酒的葡萄每公顷产量不超过 20 000kg。酿制优质红葡萄酒的葡萄每公顷产量不超过 12 000kg，酿制一般红葡萄酒的葡萄每公顷产量不超过 18 000kg。

8.2.1.6 葡萄含糖量：酿制优质白葡萄酒的葡萄含糖量不低于 170g/L，酿制一般白葡萄酒的葡萄含糖量不低于 150g/L。酿制优质红葡萄酒的葡萄含糖量不低于 180g/L，酿制一般红葡萄酒的葡萄含糖量不低于 160g/L（以葡萄糖计）。

8.2.1.7 葡萄采摘：根据葡萄成熟度确定最佳采收期，按照葡萄品种、质量等级采摘。盛装原料的容器应清洁、专用，禁止使用装过农药或其他可能对葡萄原料造成污染的容器。

8.2.1.8 应有文件记录葡萄原料品种、产地、产量和基本质量指标信息。

8.2.2 葡萄采购

8.2.2.1 采购的酿酒葡萄原料应是在无污染区域内种植和收获的产品。

8.2.2.2 采购的葡萄原料是按照葡萄种植相关技术规范执行的，并能出具相关证明。

8.2.2.3 采购时对葡萄原料的糖、酸等指标进行质量检验。

8.2.3 葡萄运输与贮藏

8.2.3.1 葡萄运输过程中注意不要挤压，基地原料就近处理，进厂的原料须在 24h 内破碎完毕。长途运输需要帐篷或其他覆盖物，防止污染。

8.2.3.2 长时间运输和贮藏过程中可往葡萄里添加适量二氧化硫溶液、亚硫酸钾、无水亚硫酸钾、亚硫酸铵或亚硫酸氢铵，预防葡萄微生物污染，并起到抗氧化作用。

8.3 原酒采购

8.3.1 原酒生产企业应有相应的有效资质和生产许可证。

8.3.2 采购原酒时应按照国家有关规定或标准要求对原酒进行检验，国家和行业标准中未涵盖的指标，企业根据自身需要设定指标进行检验，检验合格的方可收购。

8.3.3 采购原酒时，需索要详细的生产过程记录材料，包括葡萄原料、添加剂、加工助剂等内容及有资质的检测机构出具的合格检验报告。

---

① 注：GB4285《农药安全使用标准》已被废止：2017 年 1 月 14 日国务院标准化协调推进部际联席会议办公室《关于印发强制性标准整合精简结论的通知》（国标委综合函[2017]4 号）之“附件：1. 强制性标准整合精简结论清单”中，GB 4285—1989《农药安全使用标准》已经被废止。

8.3.4 原酒收购使用的不锈钢罐、皮囊（食品级）和中转容器等应清洁卫生，并采取适当的措施保证运输过程中不受外界污染和防止原酒暴露于空气而引起酒被氧化变坏。到酒厂后应马上采取处理措施。

此外，在葡萄原料生产过程中对废弃物的管理应符合相关规定，特别是禁止焚烧轮胎、塑料或其他废弃物，以有效降低产生二噁英、微量金属元素和多环芳烃等的风险。

1.2.1.1 酿酒葡萄的质量要求

由农业部（现农业农村部）颁布，于2017年10月1日起实施的NY/T 3103—2017《加工用葡萄》是目前唯一专用于酿酒、制干用葡萄的标准，其对酿酒葡萄质量的基本要求为：品种纯正、成熟，具本品种典型色泽、风味，新鲜洁净，无杂质，无霉烂、病虫，无机械损伤，无非正常外部水分。该标准还对酿酒葡萄的质量进行了等级分类（杨晨露等，2019）。

1.2.1.2 葡萄农药最大残留限量

病虫害防治带来的农药成分及重金属残留量超标是构成葡萄原料安全隐患的主要因素。酿酒葡萄种植过程中会经常发生灰霉病、霜霉病等病害，尤其在气候较湿润的产区更易发生，致使在栽培管理中使用杀菌剂的现象非常普遍。部分农药（如苯并咪唑类农药）具有一定的致畸及发育毒性，其残效期较长，在环境中较稳定，易在植物体和环境中积累，使得残留在葡萄中的农药最终可能会留在葡萄酒中，带来食品安全隐患。因此，解决葡萄农药残留问题要从病虫害防治环节入手。葡萄栽培应在无污染的环境中进行，根据自然环境及品种特性种植适栽品种；病虫害防治工作应以预防为主、综合防治，使用农药时应参照GB/T 8321.6—2000《农药合理使用准则（六）》，葡萄采收前1个月不得使用杀虫剂，采收前10d不得使用杀菌剂，尽量降低葡萄原料的安全风险。

国家卫生健康委员会、农业农村部和国家市场监督管理总局于2021年颁发的GB 2763—2021《食品安全国家标准　食品中农药最大残留限量》及农业部于2017年颁发的NY/T 844—2017《绿色食品　温带水果》均对葡萄的农药残留限量进行了规定。对于葡萄酒，国内外尚缺乏农药残留的毒理学评价和直接限量要求，我国目前仅在NY/T 274—2014《绿色食品　葡萄酒》中有个别说明（杨晨露等，2019）。

1.2.1.3 葡萄重金属及污染物限量

葡萄中的重金属主要取决于产区的生态环境、污染情况、农药肥料的施用。葡萄酒中的金属离子除了来源于葡萄，还与酿酒设备密切相关。尽管砷、硒、铅等微量金属离子对人体必不可少，但部分可在人体内累积而产生毒性。当葡萄酒中$\rho(Fe^{2+})\geqslant 15mg/L$时可能会造成葡萄酒的“蓝色破败病”或“白色破败病”，当$\rho(Cu^{2+})\geqslant 1mg/L$时可能会引起“铜破败病”。为了避免葡萄酒中重金属残留超标，在进行葡萄园选址时应严格检测土壤质量、土壤表层重金属污染物的含量及灌溉用水，合理选择酿酒设备，正确、适量使用农药、肥料。另外，葡萄酒加工中利用不同物质（如几丁质、酵母细胞等）的吸附特性也可去除某些金属残留。GB 2762—2022《食品安全国家标准　食品中污染物限量》、NY/T 844—2017《绿色食品　温带水果》规定了葡萄中相应重金属的限量，GB 2762—2022《食品安全国家标准　食品中污染物限量》、GB 15037—2006《葡萄酒》和NY/T 274—2014《绿色食品　葡萄酒》规定了葡萄酒中相应重金属的限量（杨晨露等，2019）。

遵守葡萄园良好生产规范可减少与农药残留（农残）（销售授权、操作培训、设备维护）、赭曲霉毒素A（减少病原）和氨基甲酸乙酯（氮投入管理）有关的风险。葡萄园良好生产规范主要包括：①植物保护；②预防霉菌毒素；③采收和运输卫生；④有机废物的管理。

葡萄园的建立和管理对葡萄与葡萄酒的质量非常重要，建议特别考虑综合防治的原则。一些预防措施和做法可以限制病虫害的发展，从而限制植物保护剂的使用。此外，通过确定最佳采收期及合理的采收、运输方式，也能减少在酒厂中对原料的处理，如分选、成分调整、SO_2处理等（李华，2008；李华等，2007）。良好的葡萄园管理也是控制赭曲霉毒素的重要先决条件。

1.2.2 葡萄酒安全

1.2.2.1 葡萄酒基本质量要求

GB 15037—2006《葡萄酒》是目前中国葡萄酒产品监管及检测所依据的权威标准，其中所规定的品质安全指标仍以常规理化指标为主，除感官指标外，没有对葡萄酒所拥有的其他特征性指标和检测方法予以规定（杨晨露等，2019）。

1.2.2.2 葡萄酒加工中的食品添加剂及加工助剂

目前，我国关于葡萄酒食品添加剂及加工助剂的法规仍有待改进。GB 15037—2006《葡萄酒》中仅对二氧化硫、柠檬酸、苯甲酸或苯甲酸钠、山梨酸或山梨酸钾这几种食品添加剂提出了要求，其他食品添加剂及加工助剂按照GB 2760—2014《食品安全国家标准 食品添加剂使用标准》的要求执行。该标准规定了允许使用的食品添加剂种类、使用范围（以食品类别表示）和最大量或残留量（杨晨露等，2019）。

1.2.2.3 葡萄酒中微生物及生物毒素限量

葡萄酒中的微生物含量主要受两方面的影响：一是葡萄原料的微生物状况，二是过滤、灌装工艺及生产环境的卫生情况。严重的微生物问题还会造成生物毒素超标，带来食品安全风险。GB 2758—2012《食品安全国家标准　发酵酒及其配制酒》和NY/T 274—2014《绿色食品　葡萄酒》对葡萄酒中微生物限量进行了规定。生物毒素限量方面，GB 15037—2006《葡萄酒》采用GB 2761—2017《食品安全国家标准　食品中真菌毒素限量》的标准，此外仅对葡萄酒中的展青霉素限量提出了规定（杨晨露等，2019）。

葡萄酒生产过程中影响质量的主要环节包括酿酒葡萄的生产、运输、接收、除梗破碎、浸渍（白葡萄酒通常不浸渍）、发酵、分离、压榨、陈酿、澄清、稳定和装瓶等工序，利用HACCP原理，明确每道工序中的危害分析（hazard analysis，HA）和关键控制点（critical control point，CCP），以及相应的预防和控制措施，才可能实现对葡萄酒质量的主动精确控制，将一切可能危害葡萄酒质量安全的潜在危害消灭在造成事故之前，保证葡萄酒在生产过程中不会出现质量偏差，最终达到最佳质量。要做好预防和控制的前提是葡萄酒厂需要遵循GB/T 23543—2009《葡萄酒企业良好生产规范》，质量控制人员必须进行相关的培训，葡萄酒厂的卫生和厂房规划等要严格按照GB 12696—2016《食品安全国家标准 发酵酒及其配制酒生产卫生规范》的规定执行（杨晨露等，2019）。

由于葡萄酒属于乙醇（酒精）饮料，pH较低（通常为3.0～4.0），含有一定量的酒精（脱醇葡萄酒除外），除有毒物品的污染外，即使在不良的环境贮藏以后，葡萄酒也不存在中毒的危险。但是，如果卫生条件较差，则可能引起葡萄酒本身的病害（微生物侵染）或产生异常气味。正因为与其他食品比较，葡萄酒对微生物病害的抗性相对较强，才使葡萄酒卫生的发展滞后于其他食品卫生。

总之，要确保葡萄酒卫生，就必须保证葡萄酒厂的环境、车间、库房、各种设备、从业人员等方面良好的卫生状况，并且对从原料一直到装瓶等各个工艺环节，要进行严格的检验。而清洗和消毒，则是实现葡萄酒卫生的基本手段。防止葡萄酒病害，成为葡萄酒卫生的核心（李华和刘延琳，2000）。

1.3 危害鉴别

与所有食品一样，葡萄酒也可能含有对消费者健康有害的物质，它们可以是化学的、物理的或生物的。在葡萄酒中，危害消费者健康的致病微生物的生长和生存受到低 pH、酒精和某些酚类化合物的抑制，因此葡萄酒不传播传染病。然而，葡萄酒中微生物及生物毒素可能有危害；一些添加剂和加工助剂（亚硫酸盐、鸡蛋和牛奶的蛋白制剂等），即使以微量存在，也会对过敏或不耐受的消费者造成严重后果，而在相同条件下，它们通常不会影响其他消费者的健康。应告知过敏消费者它们在葡萄酒中的存在。本书确定了葡萄酒行业特有的各种危害。在第 8 章“危害分析及控制措施：HACCP 原理的应用”中，详细介绍了与葡萄酒产业链相关危害的识别方法和结果。

1.4 企业实施方法

可以使用各种工具，包括标准，组织实施葡萄酒安全管理和定义相应职责。本节根据 ISO 22000—2018《食品安全管理体系》标准编写。

1.4.1 一般架构

1.4.1.1 企业负责人的职责

1）企业负责人的职责和义务　我国现行的《中华人民共和国食品安全法》第四条规定，食品生产经营者对其生产经营食品的安全负责。企业负责人应对其交付给消费者的产品的符合性负责。市场上食品的安全是企业的责任，因此也是负责人的责任。无论企业大小，企业负责人都必须承诺为消费者提供健康和安全的产品。这一承诺体现在建立一个确保产品健康安全的小组，并且至少每年进行跟踪和复查。

2）食品安全策略　企业负责人应当制定适合企业的食品安全策略，并传达给企业的所有员工和利益相关者，包括供应商、服务商、分包商和分销网络。企业各级应落实食品安全策略，并在可能的情况下加以改进。

遵守《中华人民共和国食品安全法》是食品安全策略的最低要求。根据企业在葡萄酒行业的业务范围，还可以考虑其他因素，如只限于酿酒葡萄供应的葡萄园的食品安全策略就与葡萄酒灌装企业的不同。葡萄园可以制定减少农药使用的策略，而葡萄酒灌装企业就应特别优化其下游追溯系统，以确保有问题时能有效地召回其产品。

3）食品安全策略的实施　实施食品安全策略需要制定切实可行的食品安全目标，确定应采用的方法和保证实现所定目标所需的手段（包括人力和物力）。例如，如果食品安全策略目标之一是减少葡萄酒中的过敏原（基于鸡蛋、牛奶等的下胶剂），就应用其他非过敏原下胶剂逐步取代它们，或者用物理方法将它们有效除去。这样，随着所确定的目标取得进展，就可改变追溯性和标签（取消含相关过敏原的表述）方面的策略。

4）企业的责任和权力　企业负责人有责任指定人员及其任务。根据企业的规模和食品安全策略的目标，可能会出现多种情况。但无论企业的规模和架构如何，所有员工都必须直接向企业负责人或企业负责人任命的人员报告产品安全问题。

企业负责人或负责食品安全的人员必须有以下责任及权力：①领导和组织团队工作；②确保对团队成员进行适当的培训；③确保建立、健全和实施产品安全管理体系。

1.4.1.2　食品安全小组的任务

食品安全是每个人的事！但企业应建立食品安全小组，并且由该小组建立HACCP体系。

企业HACCP小组人员的能力应满足本企业食品生产专业技术要求，并由不同部门的人员组成，应包括卫生质量控制、产品研发、生产工艺技术、设备设施管理、原辅料采购、销售、仓储及运输部门的人员，必要时，可请外部专家参与。

小组成员应具有与企业的产品、过程、所涉及危害相关的专业技术知识和经验，并经过适当培训。最高管理者（企业负责人）应指定一名HACCP小组组长，并应赋予其以下方面的职责和权限：①确保HACCP体系所需的过程得到建立、实施和保持；②向最高管理者报告HACCP体系的有效性、适宜性，以及任何更新或改进的需求；③领导和组织HACCP小组的工作，并通过教育、培训、实践等方式确保HACCP小组成员在专业知识、技能和经验方面得到持续提高。

应保存HACCP小组成员的教育、培训、技能和经验的适当记录（GB/T 27341—2009）。

1.4.2　产品可追溯性

《中华人民共和国食品安全法》第四十二条规定，食品生产经营者应当依照本法的规定，建立食品安全追溯体系，保证食品可追溯。国家鼓励食品生产经营者采用信息化手段采集、留存生产经营信息，建立食品安全追溯体系。葡萄酒是食品，必须遵守所有有关的规定，特别是关于食品安全和可追溯的规定。可追溯包括保存关于产品生产和轨迹的信息，包括其供应商和客户等外部可追溯义务。可追溯是指在产品开发过程中应用于产品操作的信息及这些信息的记录。开发可追溯系统并不一定意味着操作人员必须有一个专用的系统，重要的是能够提供信息，而不是存储信息的方式。因此，可以使用企业中已经存在的文档和系统，包括业务文档。

葡萄酒行业的各种法规规定了某些可追溯的方法：标签、酒厂（庄）记录、酿酒工艺和处理记录、与地理标志有关的文件等。

葡萄采收前的信息不是强制性的。但是，必须保存打农药的记录。农药供应商的信息不是强制性的，但建议将其与所使用供应商信息一起保存。

通常葡萄酒没有保质期。产品可追溯文件的建议保存期限为5年，从可追溯记录编制或记录之日起计算。在所有情况下，应使保留期适应提供追溯记录的要求，以免无故拖延从而影响对危机的迅速应对。

GB/T 36759—2018《葡萄酒生产追溯实施指南》规定，葡萄酒生产企业应明确追溯目标（如确保葡萄酒质量安全），了解相关法规和政策要求，设计和实施有效的可追溯体系，并形成文件，加以实施和保持，必要时进行更新。葡萄酒生产企业在可追溯体系实施过程中，应梳理产品供应链覆盖的环节，按葡萄酒生产流程中的主要环节规范追溯信息记录。葡萄酒追溯过程中需要重点记录的环节，至少包括原料（葡萄）、发酵、贮存、稳定性处理、灌装、成品，以及食品添加剂、食品工业用加工助剂和包装材料、原酒。

1.4.2.1 产品批号

同一生产期内所生产的同一类别、同一品质且包装出厂的、规格相同的产品为同一批（GB 15037—2006）。每种投放市场的食品都必须有批号，批号的大小、选择及位置由经营者决定，但它必须清晰、易读和不被磨灭。如果同一批号的产品中存在有问题的产品，那么就假定该批次的所有产品都有问题，除非能够提供没有问题的证据。

1.4.2.2 投诉处理与产品召回

葡萄酒生产经营企业必须保留产品可追溯文件，以便出现投诉或质量安全问题时，能够将产品召回。为此，GB/T 23543—2009《葡萄酒企业良好生产规范》做了如下规定：

14 投诉处理和产品召回

14.1 每批成品均应有销售记录，根据销售记录能追溯每批葡萄酒售出情况，必要时应能及时全部追回。

14.2 企业应建立不良反应监察报告制度，对用户的质量投诉和不良反应应详细记录和调查处理，若出现质量安全问题时，应及时向当地质量监督管理部门报告。

14.3 应有书面文件规定何种情况下考虑召回产品，并根据危害程度，建立召回产品分类、处置及报告制度。

14.4 召回程序应规定参与评估的人员、启动召回的方法、召回通知到的对象以及召回后产品的处理方法。

14.5 应定期进行模拟召回训练，并记录存档。

14.6 鼓励企业建立产品信息化管理程序，确保产品质量安全信息管理。

1.5 清洗和消毒原则

假设一个人摔倒在地而造成伤口，那么应该怎样处理呢？请看医生的处理过程：首先，用清水将伤口处的泥土洗掉；其次，用过氧化氢（双氧水）清洗；再次，用水冲洗；最后，消毒杀死微生物。

葡萄酒的卫生处理过程与以上过程相似。因此，卫生技术的要求比有关标准的要求更为严格。

卫生的步骤包括：①预冲洗，去除设施表面不能黏附的污物；②清洗，使用洗涤剂去除可黏附于设施表面的污物；③冲洗，去除洗涤剂；④消毒，使用消毒剂杀死残留的微生物；⑤冲洗，去除消毒剂；⑥检验，检验是否达到要求。

可用表 1.1 简述清洗和消毒的一般原则。

表 1.1　清洗和消毒的一般原则

操作顺序	注意事项
预冲洗	必须进行
清洗	根据污垢和表面特性选择去污剂与使用方法（浓度、温度、pH、持续时间、机械效应）
冲洗	水质和温度应能与去污剂及表面相配合
消毒	根据卫生要求、产品种类（葡萄汁、酒）和表面特性选择消毒剂与使用方法（浓度、温度、pH、持续时间、机械效应）
冲洗	水质和温度应能与去污剂及表面相配合，冲洗时间应足够去除消毒剂，冲洗结束后应检查
检验	检验是否达到要求

1.6　葡萄酒的卫生等级

在酿造过程中，葡萄酒越接近装瓶，卫生要求就越严格。可用表 1.2、表 1.3 说明这一原则。

表 1.2　葡萄酒的卫生等级

卫生等级	目的	处理方法	被处理的设施
最低要求	去除大的污物： 尘土、枝叶、皮渣等	预冲洗	地板 葡萄采收用具
基本要求	去除污物	预冲洗 清洗（洗刷或去污剂） 冲洗	破碎除梗机 压榨机 发酵和贮酒车间
较高要求	去除污物并限制微生物的生长繁殖	预冲洗 清洗 冲洗 消毒 冲洗	所有与葡萄汁或葡萄酒相接触的表面、管道、酒泵、阀门
高要求	将微生物的群体数量降至要求的标准以下	预冲洗 清洗 冲洗 消毒 冲洗 检验	与需要特殊接种的葡萄汁相接触的表面 灌装线

表 1.3　根据生产阶段的卫生水平

生产阶段	卫生水平
发酵前的操作（破碎、除梗、压榨等）	用洗涤剂和消毒剂认真清洗
发酵操作 陈酿操作	使用前、后都应清洗和（如有需要）消毒
灌装操作	使用前、后系统清洗和消毒

严格的顺序是卫生操作成功的关键（表 1.4）。

表 1.4 卫生操作顺序示例

操作顺序	操作性质	操作时刻	监控手段
1 2 3	用水预洗或干刷 洗涤剂清洗 冲洗	设备、用具或容器使用后立即进行	视觉或嗅觉检查；pH 或酚酞试纸
4 5 6	消毒 冲洗 消毒效果检验	在使用设备、用具或容器之前的最后一刻	冲洗后用 pH 试纸或条带检测；ATP（三磷酸腺苷）测量仪测量或表面取样验证结果

在使用含碘或季铵盐产品后的冲洗检查很容易，而且是强制性的，可使用颜色指示剂（如酚酞）或 pH 试纸。清洗控制确保没有清洗/消毒产品的残留物。

如果使用同时是洗涤剂和消毒剂的产品，如氯化碱，表 1.4 中的操作顺序 2、3 和 4 可合并。

通过计划和记录清洗与消毒操作，卫生控制变得更容易。

在进行卫生操作时，不应忘记任何设备、用具或容器，包括接头、量筒、取样阀等。

需特别强调，在清洁易受潮物品的储存区域时，请勿用水或提前将这些物品移出。

1.7 员 工 卫 生

我国现行《中华人民共和国食品安全法》第三十三条第三款规定“（食品生产经营应当）有专职或者兼职的食品安全专业技术人员、食品安全管理人员和保证食品安全的规章制度”，第八款规定“食品生产经营人员应当保持个人卫生，生产经营食品时，应当将手洗净，穿戴清洁的工作衣、帽等”。

为了确保良好卫生操作的有效性，必须保证员工的健康，对其进行适当的培训及相应的指导。

员工必须保持正常的个人卫生，如干净的双手（在离开厕所时、处理脏物后洗手）、干净和适当的衣帽等。

在允许的情况下，应指派专门从事卫生工作的人员。他们必须经过严格的培训，有充足的工作时间和适当的工作条件。

1.7.1 员工培训

对员工的卫生培训是强制的。员工必须认识到他们在保护产品不受污染及其卫生质量方面的作用和责任。他们必须具备卫生处理产品的知识和技能，能够正确使用和处理洗涤剂/消毒剂与废弃物。

葡萄酒企业必须指派经 HACCP 培训的人员负责制定和实施基于 HACCP 原理的卫生操作程序，确保为员工提供与其专业活动相适应的食品卫生指导和（或）培训。

1.7.2 培训方案

应将员工卫生培训纳入包括产品、设备和安全等知识的全面培训。事实上，这些不同的方面是密切相关的。培训可以由合格的工作人员在内部进行，也可以由外部机构进行。

培训内容可包括：①葡萄酒知识，酿酒工艺、微生物、投入品等；②适用于葡萄酒行业的 HACCP 原理；③标准对日常操作者卫生的影响；④所用设备和设施的知识（生产链上的危险点）；⑤良好的卫生操作，以确保设施的整体清洁和产品感官品质达到所需的卫生（清洗、消毒等）标准；⑥与操作人员安全有关的措施（材料和制剂的使用、紧急措施、化学品安全等）。

员工经培训合格获得证书后才能上岗。

1.7.3 操作手册

操作手册应该有序、可理解和可用（可验证）。所有操作人员都必须理解操作手册。

重复的工作应以书面形式提供，以供操作人员使用。每年一次的口头提醒，如在采收前，可以防止个人习惯带来的操作偏差。

对于小型企业来说，每天的口头指导就足够了。大企业应有相应的操作手册。

例如，可在以下方面制定操作手册并提供给操作人员：①清洁/消毒计划；②维修计划；③葡萄酒各类制剂和工艺的使用程序；④玻璃器皿破损后的处理程序等。

操作手册有不同的形式。例如，在葡萄园中，每天在每个人都能看到的地方记录并展示各种操作（地块、设备、制剂和剂量、操作者等信息），直到操作完成。

在酒窖中，操作人员在酒窖记事板上写下操作说明，并在操作过程中记录操作情况。

此外，应定期评价培训和操作手册的效果，并进行日常监督和检查，以确保所有程序得到有效执行。

本 章 小 结

食品卫生是在食品的原料生产、加工、制造直至被人摄食为止的各个阶段中，为保证其安全性、有益性和完好性而采取的全部措施。葡萄酒卫生与其他食品卫生一样，涉及原料生产、加工、产品贮运、销售的整个过程。葡萄酒本身的质量安全风险主要由两部分构成，一是葡萄原料安全，二是葡萄酒酿造加工过程的安全。葡萄原料安全包括酿酒葡萄的质量要求、葡萄农药最大残留限量、葡萄重金属及污染物限量，葡萄酒安全包括葡萄酒基本质量要求、葡萄酒加工中的食品添加剂及加工助剂和葡萄酒中微生物及生物毒素限量。

在葡萄酒生产过程中，利用 HACCP 原理，通过危害分析与关键控制点，以及相应的预防和控制措施，才可能实现对葡萄酒质量的主动精确控制，将一切可能危害葡萄酒质量安全的潜在危害消灭在造成事故之前，保证葡萄酒在生产过程中不会出现质量偏差，最终达到最佳质量。

由于葡萄酒属于酒精饮料，与其他食品比较，葡萄酒对微生物病害的抗性相对较强，因此葡萄酒卫生的核心是防止葡萄酒病害。清洗和消毒是实现葡萄酒卫生的基本手段。葡萄酒卫生的步骤包括预冲洗—清洗—冲洗—消毒—冲洗—检验。葡萄酒越接近装瓶，卫生要求就越严格，需要的步骤就越复杂。

严格的顺序是卫生操作成功的关键。

为了确保良好卫生操作的有效性，必须保证员工的健康，对其进行适当的培训及相应的指导。在可能的情况下，应指派专门从事卫生工作的人员。他们必须经过严格的培训，有充足的工作时间和适当的工作条件。所有操作人员都应有有序、可理解和可用（可验证）的操作手册，并做好操作记录。

主要参考文献

李华，2008. 葡萄栽培学. 北京：中国农业出版社

李华，刘延琳，2000. 葡萄酒卫生学. 西安：西安地图出版社

李华，王华，袁春龙，等，2007. 葡萄酒工艺学. 北京：科学出版社

杨晨露，曹佩佩，单文龙，等，2019. 葡萄酒质量安全影响因素及酿造过程中的质量管理. 食品安全质量检测学报，10（6）：1573-1581

FAO，WHO，2003. Recommended International Code of Practice—General Principles of Food Hygiene. https://www.fao.org/3/w8088e/w8088e04.htm[2022-03-20]

GB 12696—2016 食品安全国家标准　发酵酒及其配制酒生产卫生规范

GB 15037—2006 葡萄酒

GB 2758—2012 食品安全国家标准　发酵酒及其配制酒

GB 2760—2014 食品安全国家标准　食品添加剂使用标准

GB 2761—2017 食品安全国家标准　食品中真菌毒素限量

GB 2762—2022 食品安全国家标准　食品中污染物限量

GB 2763—2021 食品安全国家标准　食品中农药最大残留限量

GB/T 23543—2009 葡萄酒企业良好生产规范

GB/T 27341—2009 危害分析与关键控制点（HACCP）体系　食品生产企业通用要求

GB/T 36759—2018 葡萄酒生产追溯实施指南

GB/T 8321.6—2000 农药合理使用准则（六）

ISO 22000：2018 Food Safety Management Systems Requirements for Any Organization in the Food Chain. https://www.iso.org/iso-22000-food-safety-management.html[2022-03-20]

NY/T 274—2014 绿色食品　葡萄酒

NY/T 3103—2017 加工用葡萄

NY/T 844—2017 绿色食品　温带水果

2 表面种类

表面就是物体跟外界接触的部分，即物体的外面、外部。在葡萄酒设施中，可带有污物的表面种类很多，而卫生处理的难易程度则取决于表面的种类，这些表面的特性又取决于所选用的材料及其加工和保养措施。工程材料的种类很多，但不是所有材料都能与葡萄酒酿造过程中所要求的卫生标准相适应。

材料的表面可分为光滑表面、粗糙表面、吸收吸附表面。光滑表面对污物的黏着力差，因而便于清洗；粗糙表面对污物的黏着力强，较难清洗。具吸收吸附表面的材料可固定污物并保持湿度，有利于微生物的繁衍（李华和刘延琳，2000）。

2.1 表面特性

从葡萄的采收到葡萄酒的消费，葡萄、葡萄汁和葡萄酒所接触到的材料表面类型非常多，包括木材、水泥、不锈钢、塑料、橡胶、玻璃和软木等。对于金属材料，其表面状况取决于表 2.1 中的 5 个主要特性。

表 2.1 决定金属材料表面状况的特性

特性	概述
化学	对化学腐蚀的敏感性；葡萄酒中有机酸可腐蚀铝
结晶学	晶体的大小；冷锻会改变晶体的排列，从而促进腐蚀
粗糙度	表面粗糙或有划痕、压痕；使实际表面面积增加，会促进腐蚀及污物的保留
物理化学	表面可被外源物所改变；含铬和镍不锈钢的表面有一层密固而连续的铬的氧化层（即钝化膜），可保护不锈钢
洁净度	表面洁净有利于葡萄酒的贮藏

在葡萄酒设施中遇到的材料表面差别很大。具有光滑表面的材料包括玻璃、不锈钢、涂有环氧树脂的普通钢、水泥、用玻璃纤维加强的聚酯、漆有涂料的酒容器和墙壁。对于这些材料，污物的黏着力差，容易清洗。

具有粗糙表面的材料包括水泥毛面、黏结酒石沉淀的材料、木材、软木、织物、锈蚀钢、磨损的不锈钢，以及用过的塑料等。对于这些材料，污物的黏着力强，不易清洗。

2.2 表面形状

为了便于清洗，表面必须平坦，或至少不能有凹陷、凸起。

对于所有的设施，应避免死角，特别是接头、密封垫及焊缝等，不能与其相邻的表面形成不连续的表面。如果必须对表面进行打磨，则应使用不含铁且足够细的磨料，以免打磨后在表面留下微量的氧化铁锈。

2.3 材料种类、表面处理与卫生等级的关系

各种与葡萄酒接触的材料必须符合 GB 4806.1—2016《食品安全国家标准　食品接触材料及制品通用安全要求》。

2.3.1 木材

木材为葡萄酒生产中的传统材料，橡木桶就是最典型的例子。

木材表面粗糙，多细孔，具有一定的弹性和吸收性，因此其表面性质差。此外，木材很容易吸附酒石。所以，对木质设备的清洗和消毒必须非常细致，但即使这样，其卫生水平也受到限制。

橡木桶需要严格的卫生维护。为了酒窖的良好卫生，应把损坏（包括严重渗漏、发霉、污染、变形等）的橡木桶移出。在装酒之前，橡木桶必须清洁卫生、无异味、完好无损。橡木桶最好的保养方法就是将它装满葡萄酒。

2.3.2 水泥

水泥主要被用于修筑地面和水泥池。即使抹平后，其表面仍然粗糙，因此不可能达到较高的卫生要求。此外，水泥可被葡萄汁和葡萄酒中的酸所腐蚀，水泥池的破损会使葡萄酒中铁和钙的含量升高，并且具有异味。所以，必须使之具有一层保护层。

2.3.2.1 水泥池保护层的要求

水泥池的保护层应满足以下要求：①无毒，耐酸、碱腐蚀，对葡萄酒的风味无任何不良影响；②要有很强的附着力，不能脱落；③应具有光滑平整的表面，卫生条件好；④要有较高的机械强度、致密的结构和足够的厚度，不能有任何渗漏；⑤敷设工艺要简单，便于施工。

2.3.2.2 水泥池保护层的敷设

水泥池保护层的材料主要有酒石酸、石蜡、玻璃及瓷砖、环氧树脂及玻璃钢等。

酒石酸保护层是用 25%的酒石酸溶液涂刷 2 或 3 次，每次刷后要经过 3～4d，等干燥后再刷第二遍。其目的是使酒石酸与水泥中的钙互相作用，生成一种不溶性酒石酸钙防酸薄膜。这种保护层的敷设方法简单、成本低，但不能形成致密的不渗酒的保护层，而且不能贮藏酸度较高的酒，否则会使酒石酸钙保护层变成溶解度较大的酸性酒石酸钙而遭到破坏。同时，其表面粗糙，不易清洗，难以达到卫生要求。

石蜡保护层是将 95%的石蜡、5%的松香，或 50%的石蜡、40%的蜂蜡、10%的松香放在一起加热，待完全熔化并混合均匀后加热到微发烟，然后冷却到 130℃除去水分，再加热到微发烟后用刷子涂抹。边刷边用酒精灯烘烤，使其均匀。共刷三遍，每遍不要刷得

太厚，然后检查。对于有漏刷、气泡或凸起的地方应铲平重刷，最后用清水冲洗干净即可使用。这种保护层的防腐能力较强，成本低，但机械强度较低，附着力差、易脱落。

玻璃和瓷砖衬里保护层是用胶黏剂（胶泥）在水泥池的内表面贴砌一层玻璃或瓷砖。玻璃和瓷砖具有良好的耐蚀性，而且表面光滑平整，卫生条件好。但这种保护层施工麻烦，工期长，劳动强度大。池内胶泥缝纵横交错，即使只有少数胶泥缝损坏，都有可能引起大面积剥落。况且玻璃和瓷砖都是脆性材料，不能承受撞击，一旦出现裂纹，发生渗漏，就有可能产生大面积损坏，修复十分困难。

环氧树脂涂层具有附着牢固、耐蚀性强、操作简便等优点，且能使水泥池达到较高的卫生要求，是国内外普遍采用的一种保护层。其配料比例为：6101#环氧树脂 100g，邻苯二甲酸二丁酯 20～25g（增塑剂），丙酮 20g（溶剂），乙二胺 6～7g（固化剂），石英粉（120 目）10～15g（填充剂）。

操作方法如下。

（1）先用砂纸将水泥池表面打磨，去浮灰，并用电炉在池内加热，使池壁干燥。

（2）涂刷前先按配料比例将环氧树脂与溶剂丙酮混合，在 50～60℃水浴中加速溶解，再加邻苯二甲酸二丁酯并搅拌均匀备用。

（3）涂刷前取混合好的配料按比例加入乙二胺，搅拌均匀后再加填充剂。每次配料不超过 1kg，在 30～40min 内用完。

（4）一般应涂刷 3 或 4 遍，施工温度不得低于 15℃。第一遍涂刷完后在 40℃左右温度下烘烤，经 1～2d 时间干燥后再涂刷第二遍。

（5）涂刷完最后一层后在室温下（≥20℃）养护 6～7d 即可。

（6）使用前用 60%～70%（*V*/*V*）酒精将保护层表面擦抹一遍，再用清水浸泡数天，洗净即可使用。

市售环氧树脂必须严格按照说明书使用。因此，应尽量避免额外的添加物，如溶剂等。因为溶剂可引起苯甲醇的释放，苯甲醇经氧化可形成具有苦杏仁味的苯甲醛。苯甲醛虽然无毒，但可完全改变葡萄酒的风味。

玻璃钢衬里也是一种应用较普遍的保护层。其敷设方法是：先在水泥池表面涂刷一层环氧树脂胶浆，再贴一层玻璃布。并将空气排干净，等干燥后再贴上一层玻璃布。一般贴 3 或 4 层，厚度达 3mm 左右。施工时，环氧树脂胶浆中不加填充剂，玻璃布本身就是填充剂。

2.3.3 塑料

塑料主要被用在管道、接头等处，它们经常与葡萄酒接触。塑料通常不抗溶剂，容易吸附色素和污物。由于其表面常为曲面，而且常与其他材料形成凹面，故不易保持清洁。

葡萄酒设施中常用的塑料有聚酯、聚乙烯、酚醛树脂及环氧树脂等。

1）聚酯　　聚酯常用于生产发酵罐。其表面特性比木材和水泥要好得多。

聚酯可吸附酒石、污物，但如果选材适当，很容易清洗和消毒。聚酯在高于 50℃的温度条件下可变形，其耐用性较差，其表面特性很易在使用过程中被破坏。此外，如果在聚酯的生产过程中聚合作用不完全，它可将异味释放在葡萄汁或葡萄酒中，从而引起塑料味，如果浓度过高，还会造成毒害。

2）聚乙烯　聚乙烯通常为多层结构，其中层用玻璃纤维加固，以起支撑作用；而与葡萄酒接触的一层则只由聚酯构成。

聚乙烯常用于加工成短期贮藏容器，如运输罐、桶等。这种材料具有热塑性，在高温下变软而在低温下变硬。质量好的聚乙烯材料经用热水除味处理后，不会释放异味。此外，它的材质轻，导热性小，很容易用凉水去除酒石。其缺点是：很易被划伤；具透气性，所以易使葡萄酒氧化。直接盛装葡萄酒时，聚乙烯不会释放有害物质。

3）酚醛树脂　酚醛树脂被用作低碳钢的涂料，它是由甲醛和苯酚（石炭酸）在140～180℃缩合而成的。如果在涂抹时操作良好，其表面特性完全可以满足要求。但如果操作不当，则会出现涂层起泡、鳞片状剥落、脱色等。此外，涂层必须保持坚硬，外表如冰。此种涂层的导热性好，易除酒石，但如遇碰撞，则呈鳞片状剥落，且如果内容物过酸、过碱或酒度高于 50%（*V*/*V*），都会破坏涂层。

4）环氧树脂　环氧树脂常被用作水泥池、低碳钢罐的涂料。通常需要将环氧树脂与硬化剂混合后立即使用。此外，在混合时还可加入增塑剂和颜料。

涂有环氧树脂的容器不适宜盛装酒度过高［如 70%（*V*/*V*）］的液体。因为在这种情况下，环氧树脂可被分解，并释放出一些影响葡萄酒质量的物质。

如果操作适宜，环氧树脂涂层可保证满足较高的卫生要求，并可获得满意的葡萄酒贮藏效果。用温水很容易去掉酒石，但应避免冲撞和划痕。

所有塑料制品应符合 GB 4806.7—2016《食品安全国家标准　食品接触用塑料材料及制品》的要求。

2.3.4　碳钢

碳钢很容易被葡萄酒腐蚀，并导致葡萄酒的铁破败。因此，葡萄酒厂所有以碳钢为材料的设备，无论是否与葡萄、葡萄汁或葡萄酒直接接触，都应涂有涂层。

碳钢罐多采用环氧树脂涂层或玻璃钢衬里作保护层。具体操作与上述方法相同，但敷设前要将罐内部表面彻底除锈。除锈的方法有人工磨刮、酸洗及喷砂等，采用喷砂法最好。喷砂法是用高速喷射的砂粒将罐内壁彻底除锈。因环氧树脂为易燃物，在罐内涂料操作时还需注意通风，备好防火设施。

用涂料处理完毕的金属罐，在使用之前需对罐进行洗涤。可使用发酵罐自动洗涤装置。利用洗涤液喷洗的反力，促使喷头旋转，这样能使洗涤液喷射和淋洗到全部罐壁。

保护层材料应符合 GB 4806.6—2016《食品安全国家标准　食品接触用塑料树脂》的要求。

2.3.5　不锈钢

不锈钢是目前葡萄酒行业使用越来越广泛的材料，这一方面是由于它的机械特性，但更重要的是由于其表面特性和抗腐蚀能力。它抗酸碱，便于清洗和消毒。但在酸性甚至在中性基质中，不锈钢对卤化物很敏感。

在葡萄酒行业，最常用的不锈钢为含有 18%铬和 8%镍的不锈钢，其他可用于葡萄酒的不锈钢见表 2.2。

表 2.2 用于葡萄酒的不锈钢

编号	GB/T 20878—2007			成分/%					用于葡萄酒的类型
	统一数字代号	新牌号	旧牌号	碳	镍	铬	钼	钛	
1	S30408	06Cr19Ni10	0Cr18Ni9	0.08	8～11	18～20	—	—	红
2	S32168	06Cr18Ni11Ti	0Cr18Ni10Ti	0.08	9～12	17～19	—	5C～0.70	红
3	S30409	07Cr19Ni10	—	0.04～0.10	8～11	18～20	—	—	红
4	S30403	022Cr19Ni10	00Cr19Ni10	0.03	8～12	18～20	—	—	白（极少用）
5	S31603	022Cr17Ni12Mo2	00Cr17Ni14Mo2	0.03	10～14	16～18	2～3	—	白
6	S31668	06Cr17Ni12Mo2Ti	0Rr18Ni12Mo3Ti	0.08	10～14	16～18	2～3	≥5C	白

注：5C 代表 5 倍的实际碳含量

对于 SO_2 含量高、腐蚀性强的葡萄汁或葡萄酒，最好使用含 18%铬、10%镍和至少 2%钼的含钼不锈钢。

对于红葡萄酒，可用不含钼的不锈钢，最常用的是表 2.2 中的第 1 号和第 3 号。而对于白葡萄酒和桃红葡萄酒，由于 SO_2 和含酸量都相对较高，因而应用抗腐蚀性更强的不锈钢，最常用的为表 2.2 中的第 6 号，因为提高抗腐蚀能力的要素为材料含碳量低，并含有钼和钛。

如果选材和保养适当，不锈钢是葡萄酒行业中优良的材料。它的导热性良好，抗腐蚀、耐用性极好，为化学和生物学中性，能够忍受很大的温差（特别是用热水或蒸汽通入时），因此可以承受高强度的清洗和消毒。

新不锈钢罐在使用前应进行酸洗和钝化。

2.3.5.1 酸洗

酸洗的目的是去除容器在焊接过程中高温区形成的氧化皮。因为在氧化皮下边可能潜藏着裂纹、夹层等缺陷，如果不去除，则难以发现。另外，在简体及封头等零件的成型过程中，要使用碳钢模具，如卷板机、旋压机等。这些模具材料中的铁原子难免要在高压或挤压的作用下，渗入不锈钢板的表面，形成局部表面生锈。因此，酸洗的另一目的就是去除由上述原因造成的表面锈层。

常用的酸洗方法有酸浸法和涂酸法。对于体积较小、可在酸槽中进行酸洗的不锈钢件，可采用酸浸法；对于酿酒容器，由于体积较大，只能用涂酸法。涂酸法的酸洗液配方有以硝酸为主液和以盐酸为主液两种（表 2.3、表 2.4）。

表 2.3 以硝酸为主液的酸洗液配方

品名	相对密度	占体积比例/%	适用范围
硝酸	1.43	35	微生锈，酸洗后不需钝化处理
水	1.00	65	

表 2.4　以盐酸为主液的酸洗液配方

品名	相对密度	占体积比例/%	适用范围
盐酸	1.19	40	重生锈，酸洗后一定要钝化处理
硫酸	1.84	10	
硝酸	1.43	5	
水	1.00	45	

2.3.5.2　钝化

钝化处理在酸洗之后进行，其目的是使金属表面生成一层致密而稳定的氧化膜，起到自动防腐的作用。

钝化方法：一种方法是可用浓硝酸接触发黑部分，约 15min，即用清水冲洗，直至将黑色表面洗成不锈钢色为止。另一种大型罐的钝化方法可采用王水（1 份浓硝酸，3 份浓盐酸混合）加硅藻土拌成浆状物，用塑料或木质的腻子刀，涂在焊口发黑处 10min 左右，然后用清水冲洗，即可出现与不锈钢原色相同的表面。钝化处理中要注意安全，人要在上风处，使产生的酸烟不伤害操作人员。因为所用物质多具有高腐蚀能力，所以应事先准备妥当防护设备。或用表 2.5 中的配方采用涂酸法钝化处理。

表 2.5　涂酸法钝化液配方

品名	相对密度	占体积比例/%
硝酸	1.43	50
盐酸	1.19	2
水	1.00	48

2.3.6　玻璃

玻璃的缺点是抗机械碰撞和冷热剧变的能力差，但它具有很多优点，如高硬度、化学中性、光滑性等。它被用作贮藏容器的贴层和生产酒瓶，可以满足很高的卫生要求。所使用的玻璃制品应符合 GB 4806.5—2016《食品安全国家标准　玻璃制品》的要求。

2.3.7　软木

软木是用于封酒瓶的具有弹性的材料，其表面多孔，很易吸附微生物。

2.3.8　涂料、油漆和清漆

涂层的选择应与接触时间和葡萄酒产品的性质相适应。涂料、油漆、清漆必须确保在葡萄酒酿造、陈酿和储存场所没有危险成分或气味。特别需要注意的是防锈涂料可能含有铅，不能用于与葡萄醪（酒）接触的表面。在使用前，应检查涂料的使用范围，包括对清洁剂、酸度和酒精的耐受能力。

在与葡萄接触的表面，应使用食品级涂料。在与葡萄醪和葡萄酒接触的表面，应使用适合长时间接触的食品级涂层。

在使用前检查涂料是否适合食品和酒类使用。涂料的使用应符合设施的用途、干燥和通风等方面的要求，并记录使用过的涂料。

2.3.9 干材料

葡萄酒容器［玻璃瓶、聚对苯二甲酸类塑料（PET）瓶、利乐包等］是消费前与产品接触的最后一种材料。由于葡萄酒是酸性产品，富含酒精，可以保存较长时间，因此必须特别注意最终的容器。

所使用的密封件（瓶塞、螺旋盖、胶帽等）应适合与葡萄酒接触。该要求也适用于软木塞、塑料和印刷油墨。

与所有原材料一样，与葡萄酒最终接触的干材料应与供应商签订规范。

在葡萄酒行业，由容器内的压力导致的瓶塞脱落和瓶子爆炸是需要注意加以防范的危险。

2.4 表面腐蚀

材料表面的腐蚀和机械损伤都会破坏表面性质，使表面变得粗糙，给清洗和消毒造成困难。同时还会破坏表面涂层，使葡萄酒与混凝土、铁、铜等材料直接接触，影响酒的质量。

材料的腐蚀按其性质不同，可分为化学腐蚀和电化学腐蚀。

2.4.1 化学腐蚀

化学腐蚀是由周围介质中的氧气、硫酸气、碳酸气及汽油、酒精等挥发性气体与金属表面间化学作用而引起的。在葡萄酒卫生中，常常由于使用不适宜的去污剂和消毒剂，腐蚀加重。

化学腐蚀的特点是腐蚀生成物（氧化膜）直接产生并覆盖在腐蚀产生的地方。腐蚀的发展程度取决于氧化膜的结构性质。致密稳定的氧化膜形成后，腐蚀速度明显减缓；如果氧化膜的结构疏松，则腐蚀速度加快，并向内层扩展。例如，铁的氧化膜（Fe_2O_3）就疏松，介质容易渗透，所以容易腐蚀；而铬的氧化膜（Cr_2O_3）及铝的氧化膜（Al_2O_3）就致密而稳定，还有利于金属表面的防护。

2.4.2 电化学腐蚀

电化学腐蚀是金属腐蚀的主要形式，它是不纯的金属（或合金）接触到电解质溶液发生原电池反应，比较活泼的金属原子失去电子而被氧化所引起的腐蚀。例如，将两种不同的金属——铁和铜放入氯化钠的水溶液中，由于两种金属具有电极电位，它们之间就会出现电位差；若用一根导线将两者连接，并在中间接一个安培计，就可观察到有电流通过，这种现象称为原电池现象。结果 Fe^{2+}和 Fe^{3+}出现在生锈的铁片上，而 OH^-出现在铜片上。因为铜的电极电位高，铁的电极电位低，铁比铜易于腐蚀。

只要有两种以上不同性质的金属，在电介质作用下就会产生电化学腐蚀。

钢材表面镀锌可以防止电化学作用对钢的腐蚀，因为铁的电极电位比锌高，如果有腐蚀，则锌首先被腐蚀，而铁被保护。

在钢中加入12%的铬，可大大提高钢的抗腐蚀能力。因为加入铬后，在钢表面形成了一层致密而稳定的Cr_2O_3氧化膜（钝化膜），从而防止了介质对钢的侵蚀氧化。

在一般腐蚀介质中，具有抗腐蚀能力的钢称为“不锈钢”，其含铬量大于13%，因而还称为“铬不锈钢”。在铬不锈钢中，还可以加入如镍、钛、钼、铜等合金元素，以获得适用于不同用途的不锈钢。

2.5 各类材料的腐蚀形式

碳钢和铸铁可被各种化学途径所腐蚀：氧化、氯和氯化物的腐蚀、无机酸和有机酸腐蚀等，因此，这类材料必须有保护层。

某些塑料可被酒精等溶剂溶解并被碘化物分解。

玻璃基本上不受化学腐蚀。

橡胶对各种溶剂敏感，其表面性质可被温度和湿度变化所改变，碘可使之上色。使用的橡胶制品必须符合GB 4806.11—2016《食品安全国家标准 食品接触用橡胶材料及制品》的要求。

不锈钢好像是不受腐蚀的材料，但实际上并非如此。因为下列因素之一都可以破坏其表面特性和钝化层。

（1）划痕：可由比不锈钢更硬的材料（如沙子、工具）等所引起。

（2）均匀腐蚀：为金属表面的均匀分解，表现为厚度的降低，它可在酸性条件下，出现于不适宜型号的不锈钢表面。

（3）晶间腐蚀：主要出现在一些奥氏体型不锈钢上，表现为晶界间合金的破坏，酸和氧化剂可加重这类腐蚀。合金中含碳量较低（≤0.03%）或在合金中加入如钛、铌等起稳定作用的元素，可避免晶间腐蚀。

（4）针孔状腐蚀：固定出现在某些部位，而其他部位则不被腐蚀。这一现象主要出现在含氯化物和氧化剂的环境中，如盐雾、海雾等，但当去污剂中含氯或氯化物时也能引起这类腐蚀。选择含钼的不锈钢、避免死角、通过抛光和清洗保持良好的表面性质可避免这类腐蚀。

（5）海绵状腐蚀：主要出现在隐蔽的角落和结有酒石的区域。由于通风梯度的存在及氧的钝化作用而形成的原电池反应，通风强的部分变为阴极，通风弱的部分变为阳极而被腐蚀。结有酒石的空不锈钢罐就可能出现这类腐蚀，这就是在每次放空后应及时除去酒石的原因。

（6）电流腐蚀：仍然是由原电池反应引起的。不锈钢与其他金属相接触时，在电解质作用下，就会形成电流并腐蚀不锈钢，如不锈钢与碳钢或铜接触时。当安装工程或修理工程结束时，材料表面可能存在着一些金属残屑，因此，应对不锈钢的表面用52%的硝酸稀释4倍后进行钝化处理；而当介质中氯化物含量超过12%时，钢板表面应用52%的硝酸稀释1倍后进行钝化处理。

水泥池的水泥和钢筋易被葡萄酒或葡萄汁中的酸腐蚀。水泥池的破损，会使葡萄酒中钙和铁的含量增加，并且具有异味，如游离态的酒石酸与Ca^{2+}结合生成酒石酸钙；酒中的无色多酚类物质很容易与铁发生反应，形成不溶性化合物，引起变质，如铁破败。因此，水泥池必须具有一层保护层。尽管如此，在使用过程中也常常会因保护层的渗漏或脱落，酒的质量受到严重影响。再者，水泥池壁表面粗糙，容易吸附细菌、杂物及酒石，清洗消毒较为困难；保护层脱落后维修十分麻烦，维修费用高，因而目前已逐渐被淘汰。

2.6 金属污染

葡萄酒中铅、铜、铁、锌、镉等含量不正常地升高主要与酿酒设备有关，特别是与葡萄醪（酒）直接接触的表面状况有关（李华和王华，2017）。一旦发现污染，应查明原因并及时消除（表面、接头、泵、焊料、附件等）。我国 GB 2762—2022 规定，葡萄酒中铅、镉的最高限量分别为 0.2mg/kg 和 0.05mg/kg；GB 15037—2006 规定，葡萄酒中铜、铁的最高限量分别为 8.0mg/L 和 1.0mg/L。国际葡萄与葡萄酒组织（OIV）（2022）建议葡萄酒中的铅、铜、锌、镉的最高限量分别为 0.10mg/L、1.0mg/L、5.0mg/L、0.01mg/L。

本章小结

表面种类、表面状态和表面特性决定卫生处理的难易程度。用于葡萄酒设施的材料包括木材、水泥、塑料、碳钢、不锈钢、玻璃和软木，其中玻璃、不锈钢、涂有环氧树脂等涂料的容器等材料具有光滑表面，其对污物的黏着力差，容易清洗。具有粗糙表面的材料包括水泥毛面、黏结酒石沉淀的材料、木材、软木、锈蚀钢、磨损的不锈钢及用过的塑料等，它们对污物的黏着力强，不易清洗。

水泥池保护层的敷设材料主要有酒石酸、石蜡、玻璃及瓷砖、环氧树脂及玻璃钢等，环氧树脂涂层应用广泛。

葡萄酒厂所有以碳钢为材料的设备，不论是否与葡萄、葡萄汁或葡萄酒直接接触，都应涂有涂层。

葡萄酒设施中常用的塑料有聚酯、聚乙烯、酚醛树脂和环氧树脂，环氧树脂常被用作水泥池、低碳钢的涂料。涂有环氧树脂的容器不适宜盛装酒度过高［≥70%（V/V）］的液体。

不锈钢是目前葡萄酒行业使用越来越广泛的材料，新不锈钢罐在使用前应进行酸洗和钝化。

涂层的选择应与接触时间和葡萄酒产品的性质相适应。涂料、油漆、清漆必须确保在葡萄酒酿造、陈酿和储存场所没有危险成分或气味。特别需要注意的是防锈涂料可能含有铅，不能用于与葡萄醪（酒）接触的表面。

与所有原材料一样，与葡萄酒最终接触的干材料应与供应商签订规范。

在葡萄酒行业，由容器内的压力导致的瓶塞脱落和瓶子爆炸是需要注意加以防范的危险。

防止表面腐蚀，有助于清洗与消毒的进行，以免影响酒的质量。

葡萄酒中铅、铜、铁、锌、镉等含量不正常地升高主要与酿酒设备有关，特别是与葡萄醪（酒）直接接触的表面状况有关。一旦发现污染，应查明原因并及时消除（表面、接头、泵、焊料、附件等）。

主要参考文献

李华，王华，2017. 葡萄酒酿造与质量控制. 咸阳：西北农林科技大学出版社

李华，刘延琳，2000. 葡萄酒卫生学. 西安：西安地图出版社

GB/T 20878—2007 不锈钢和耐热钢　牌号及化学成分

GB 4806.1—2016 食品安全国家标准　食品接触材料及制品通用安全要求

GB 4806.5—2016 食品安全国家标准　玻璃制品

GB 4806.6—2016 食品安全国家标准　食品接触用塑料树脂

GB 4806.7—2016 食品安全国家标准　食品接触用塑料材料及制品

GB 4806.11—2016 食品安全国家标准　食品接触用橡胶材料及制品

OIV，2022. International Code of Oenological Practices. https://www.oiv.int/en/technical-standards-and-documents/oenological-practices[2022-03-20]

3 污　　物

清洗和消毒的方法取决于污物的性质，根据其成因，可将污物分为不同的种类（李华和刘延琳，2000）。

3.1 污物的来源及性质

污物可源于葡萄汁及葡萄酒，具体如下。

（1）矿物污垢：主要是在发酵及葡萄酒冷却后沉淀的酒石酸氢钾和其他酒石酸盐。

（2）有机污垢：主要为葡萄汁或葡萄酒的干物质和微生物，主要有果皮、色素、单宁、蛋白质、有机酸、碳水化合物和微生物（包括酵母、乳酸菌、醋酸菌及霉菌等）。

（3）其他污垢：主要为源于葡萄汁或葡萄酒以外的污垢，包括泥土、源于机械的油脂、去污剂和消毒剂的残留物等。

多数情况下，污垢都为复合污垢，即由微生物与矿物质或有机物构成。

由于小的污垢很容易被表面所吸附，因此其比大污垢更难除去。

对污垢的物理化学性质的了解可帮助选择去污剂。

根据物理化学性质，可将污垢分为：①水溶性的，如酸、糖等；②在水中膨胀的，如淀粉、蛋白质、脂肪；③不溶物质，如尘土、金属、纤维素、纸；④溶于酸的物质，如碳酸钙；⑤溶于碱的物质，如酒石（李华和刘延琳，2000；刘延琳等，2002）。

3.2 微　生　物

微生物可形成菌落，即微生物污垢，它们可沉于容器底部，或固定在容器内壁。如果贮藏不好，这些微生物可引起葡萄酒变质。但是由于葡萄酒的 pH 低，有机酸含量高，再加上酒精，不利于大多数嗜中性和不耐酒精的微生物生长，因此，能引起葡萄酒变质的微生物种类并不多。引起葡萄酒变质的主要微生物有霉菌、酵母、醋酸菌和乳酸菌。

对微生物主要特性的了解，可以帮助制定卫生方案和措施。

葡萄酒中常见微生物的主要特性列于表 3.1～表 3.3（李华和刘延琳，2000）。

表 3.1　葡萄酒中常见微生物的形态和繁殖方式

形态和繁殖方式	霉菌	酵母	醋酸菌	乳酸菌
形态	丝状， 有隔或软菌丝	单细胞	单细胞	单细胞， 呈球状、棒状
细胞大小/μm	5～20	4～15	0.5～1	0.5～1

续表

形态和繁殖方式	霉菌	酵母	醋酸菌	乳酸菌
革兰氏染色反应			−	+
流动性	−	−	+	−
无性繁殖	不完全孢子	出芽或分裂	分裂	分裂
有性繁殖	完全孢子	孢子	少见	少见

表 3.2 葡萄酒中常见微生物的营养及培养基条件

营养及培养基条件	霉菌	酵母	醋酸菌	乳酸菌
能源	多种糖类	乙糖	乙糖、乙醇	乙糖、戊糖
氮源	硝酸盐 铵态氮 氨基酸 蛋白质	铵态氮 氨基酸	铵态氨 氨基酸	氨基酸
维生素	要求不严格	要求不严格	要求不严格	严格或很严格
氧	必需	必需或不需要	必需	必需或有害
生长温度/℃	5～45	5～40	10～35	10～35
最佳生长温度/℃	20～30	25～28	22～28	25～30
生长 pH	2.0～7.0	2.5～8.0	3.0～7.0	2.9～8.0
最佳 pH	2.5～7.0	2.8～7.0	4.0～6.0	4.5～7.0

表 3.3 葡萄酒中常见微生物的主要工艺特性

指标	霉菌	酵母	醋酸菌	乳酸菌
侵染地和基质	空气 昆虫 地面 葡萄 葡萄汁 多种表面 瓶装酒（少见） 瓶塞 纸箱 水	昆虫 地面 葡萄 葡萄汁 生葡萄酒 瓶装酒	昆虫 地面 葡萄 葡萄汁 生葡萄酒	昆虫 地面 葡萄 葡萄汁 生葡萄酒 瓶装酒
主要工艺特性	引起变异和酒的霉味	酒精和芳香性发酵、酵母病害	醋酸病	苹果酸-乳酸发酵和乳酸病

当微生物的数量很大时，用肉眼即可观察到微生物。霉菌可在未发酵的葡萄汁表面、墙壁及设备上形成膜；酵母、醋酸菌可在葡萄酒表面形成膜，或引起葡萄酒的浑浊、沉淀；而乳酸菌则只引起葡萄酒的浑浊、沉淀。

在显微镜下，利用形状和大小很容易将霉菌与酵母和细菌分开。但是，醋酸菌通常两个细胞结合在一起，形成双球状，很容易与乳酸菌相混淆。因此，需用如革兰氏染色反应等特异反应才能将它们区分开。

细菌比霉菌和酵母喜酸性弱，乳酸菌对营养的要求非常严格。

3.2.1 霉菌病害

霉菌对营养的要求不严格，喜酸，为严格的好氧性微生物。

青霉、曲霉、毛霉、根霉、芽枝霉、葡萄孢霉等霉菌常出现于葡萄生长的各个时期，在成熟阶段尤其多。霉菌通常存在于墙壁、地板等处，可在未发酵的葡萄汁表面、墙壁及设备上形成膜，或在葡萄酒中存活，甚至在与空气接触的葡萄酒表面形成膜。其生长发育需要氧气，除了会引起葡萄酒表层的污染，也会污染阀门，特别是取样阀。霉菌通常不会引起酒的污染，但能够生长在木制贮酒容器的内外表面，对于瓶中成熟的葡萄酒，由于酒液的外渗，霉菌也能够在瓶塞上生长。在这两种情况下，霉菌能够利用生长环境中的营养物质在低酒精条件下生长，霉菌产生的强风味活性代谢物质通过生长基质最终会进入葡萄酒中。另外，软木塞、纸箱等原辅材料在储藏过程中也会被霉菌感染，软木塞被霉菌感染后，会产生败坏性风味物质，使葡萄酒出现“木塞味”（cork taint）（李华和刘延琳，2000；张春晖和李华，2003）。

另外一个引起关注的问题是真菌毒素。受霉菌感染的葡萄浆果含有赭曲霉毒素 A（OTA），并会进入葡萄酒中（Remiro et al.，2012；Freire et al.，2017）。该毒素由曲霉代谢产生，具有致癌效应，被国际癌症研究机构（IARC）归类为 2A 类致癌物（Ubeda et al.，2020）。国际葡萄与葡萄酒组织（OIV）和欧盟对葡萄酒的限量标准定为 2μg/kg。GB 2761—2017《食品安全国家标准　食品中真菌毒素限量》中将 OTA 的限量标准定为 2μg/kg，而我国多个机构对国产葡萄酒的检测结果表明，OTA 含量远低于欧盟的限量标准和我国的限量标准，说明中国葡萄酒 OTA 含量的风险程度较低，安全性良好（梁蒙等，2021）。

有些霉菌如青霉和曲霉能够产生真菌毒素——展青霉素（patulin）（Ostry et al.，2018）。展青霉素是可能致癌物，国际癌症研究机构将其归入第 3 类物质，即对人体致癌尚未归类的物质。目前，GB 2761—2017 中仅对以苹果和山楂为原料的酒类产品有限量要求，为 50μg/kg。而有研究表明，葡萄酒中展青霉素的阳性检出率也很高，且红葡萄酒比白葡萄酒更容易受到展青霉素污染（王琳等，2020）。

3.2.2　酵母病害

从原料葡萄到葡萄酒的整个酿造过程中分离到的酵母，归纳起来分布于 25 属约 150 种内，几乎遍及酵母的主要属种，这是葡萄酒酿造的一大特点。不过，其中有些酵母只能从葡萄浆果上或刚破碎的葡萄浆中分离到，有的则是偶然分离到的，它们不可能直接参与酿酒。

葡萄或葡萄汁能转化成葡萄酒主要是靠酵母的作用，但酵母也能给葡萄酒及葡萄汁带来一系列问题，主要是引起葡萄酒的酵母病害（李华等，2007）。

（1）酒醭酵母（*Mycoderma vini*）：酒醭酵母俗称酒花菌，它的大小为（3～10）μm×（2～4）μm，不产孢子，也不使糖发酵成酒精和二氧化碳。当葡萄酒感染上这种菌时，常先在酒的表面产生一层灰白色或暗黄色的膜，开始时光滑且轻而薄，随后逐渐增厚，膜上产生许多皱纹，将酒面全部盖满。在显微镜下进行观察，则会发现这层膜是由很多像椭圆酵母的细胞构成的。当膜破裂后，分成无数白色小片或颗粒下沉，使酒浑浊。时间稍长，口味变坏。

（2）酿酒酵母（*Saccharomyces cerevisiae*）：酵母细胞为椭圆形，8～9μm。在葡萄酒酿造中占重要地位，产酒精能力强［17%（*V/V*）］，抗 SO_2 能力强，能将葡萄汁中的大部分糖转化成酒精，发酵速度快，随着糖的消失而迅速自溶。发酵控制不良或分离转罐不及时会引起异臭异味。

（3）卵形酵母（*Saccharomyces oviformis*）：其形状和大小与酿酒酵母相似，产酒精能力更强，抗 SO_2 能力强（250mg/L），可发酵最后的糖，并在葡萄酒的贮藏过程中存活下来，是引起再发酵的主要酵母菌种。

（4）产酸酵母（*Saccharomyces acidifaciens*）：产酸酵母细胞大、长，大小为 70μm×6μm，产酒精能力为 10%（*V*/*V*）左右，抗 SO_2 能力很强，能引起甜葡萄酒的瓶内发酵。

（5）罗氏酵母（*Saccharomyces rosei*）：细胞小，近圆形（6.5μm×5.5μm），产酒精能力为 8%～14%（*V*/*V*）。其主要特点是能缓慢地发酵大量的糖。

（6）柠檬形克勒克酵母（*Kloeckera apiculata*）：大量存在于葡萄汁中，它与酿酒酵母一起占葡萄汁中酵母总量的 80%～90%。其主要特征是产酒精能力低［4%～5%（*V*/*V*）］，产酒精效率低［1%（*V*/*V*）的酒精需糖 21～22g/L］，形成的挥发酸多，但它对 SO_2 极为敏感，因此可用 SO_2 处理的方法将它除去。

（7）星形球拟酵母（*Torulopsis stellata*）：细胞小，椭圆形。产酒精能力为 10%～11%（*V*/*V*），主要存在于感灰腐病的葡萄汁中。

（8）拜耳酵母（*Saccharomyces baillii*）：抗 SO_2 能力强，主要引起酒度低于 15%（*V*/*V*）的葡萄酒的再发酵。

（9）路氏类酵母（*Saccharomycodes ludwigii*）：能引起经 SO_2 处理后白葡萄酒的再发酵，在葡萄酒中形成白色絮状菌落。菌落表面的细胞可通过形成乙醛而再结合游离 SO_2，这就更有利于其活动和菌落的繁殖。

（10）毕赤酵母属（*Pichia*）：可在葡萄酒表面形成膜，可发酵葡萄糖和果糖，导致挥发酸的升高。

（11）酒香酵母属（*Brettanomyces*）：芽殖，细胞通常呈尖形，有时呈假菌丝，无有性繁殖。可引起葡萄酒的再发酵，并形成具典型"鼠尿味"的乙酰胺。这类酵母在好氧和厌氧条件下都很易繁殖，但通风生长慢，不需要维生素。

（12）汉逊酵母属（*Hansenula*）：可在葡萄酒表面产生，形成膜。芽殖，有时形成假菌丝或分隔菌丝。

3.2.3 醋酸菌病害

醋酸菌是葡萄酒生产中的有害菌，葡萄酒的酸败主要是由醋酸菌引起的，特别是在通气条件下，对所有葡萄酒均很危险。这种病害表现为在酒液表面产生一层淡灰色薄膜，最初透明，以后变暗，最后部分沉入罐底。醋酸菌能将乙醇氧化成乙醛和乙酸，使酒中挥发酸增多。感染醋酸菌的葡萄酒有明显的乙酸气味。近年来，有关醋酸菌对葡萄酒生产的影响引起了人们更多的关注。过去认为醋酸菌只在好氧环境中生长，后来发现在厌氧和半厌氧的状态下同样也有醋酸菌的活动，这是葡萄酒在贮存期间发生酸败的重要原因。醋酸菌也和酵母一样，大量存在于葡萄园和葡萄果实上，特别是在腐烂的葡萄上可检测到大量的醋酸菌。这些醋酸菌随着葡萄的加工进入葡萄汁和葡萄酒中，不仅导致乙醇氧化成乙酸，而且会生成一些其他的代谢产物，影响葡萄酒的口味。其存在对酵母的生长和乳酸菌的苹果酸-乳酸发酵（MLF）也有影响。

从葡萄酒中分离出的醋酸菌主要是纹膜醋杆菌（*Acetobacter aceti*）、巴氏醋杆菌（*A. pasteurianus*）和氧化葡糖杆菌（*Gluconobacter oxydans*），这些细菌多来自葡萄果实和葡萄酒厂的设备。健康无病害的葡萄果实上醋酸菌的细胞数量一般为 10^2 个/g，主要是氧化葡糖杆菌；而破损或腐烂的葡萄上（特别是感染灰霉病）醋酸菌的数量高达 10^6 个/g，并且主要是纹膜醋杆菌和巴氏醋杆菌。

醋酸菌是葡萄酒酿造与陈酿中的大敌，常见的醋酸菌是醋酸杆菌，一般为（1～2）μm×0.4μm，能运动，常常排列成长链。

醋酸菌会在酒面上产生一层淡色的薄膜，最初是透明的，随后变暗，有时会出现皱纹。当薄膜部分沉入桶中时，会形成一种黏性的稠密物体，俗称醋蛾或醋母。遭受醋酸菌侵害的葡萄酒，可以明显地闻出乙酸气味，挥发酸含量增加，能将乙醇氧化成乙酸和乙醛，然后形成乙酸乙酯。

这就降低了葡萄酒的酒度和色度，提高了挥发酸的含量。

3.2.4 乳酸菌病害

苹果酸-乳酸发酵（malic acid-lactic fermentation，MLF），可以使葡萄酒中主要有机酸之一的苹果酸转变为乳酸和 CO_2，从而起到降低酸度、改善口味和香气、提高葡萄酒的细菌稳定性的作用。

苹果酸-乳酸发酵在所有生产葡萄酒的地区都会发生，但它并不是各个产地、各个葡萄酒种都需要的，要视当地葡萄的情况、酿酒条件、对酒质的要求等而定。一般，气候较热的地区，葡萄或葡萄酒的酸度不高，进行苹果酸-乳酸发酵会使酒的 pH 偏高，酒味平淡，容易败坏；大多数白葡萄酒和桃红葡萄酒进行苹果酸-乳酸发酵会影响风味的清新感，对于以上情况要注意采取措施抑制这种发酵。但对气候寒冷的地区，如瑞士、德国、法国、澳大利亚、美国等国家的一些地区，葡萄酸度太高，一般需要进行苹果酸-乳酸发酵，特别是对于法国波尔多地区的优质红葡萄酒和高酸度白葡萄酒，苹果酸-乳酸发酵是十分重要的。

为此，我们应该了解苹果酸-乳酸发酵的细菌，熟悉抑制和诱发苹果酸-乳酸发酵的措施，以便提高葡萄酒的质量。

乳酸菌一方面可进行苹果酸-乳酸发酵，从而有益于某些葡萄酒，另一方面则可引起厌氧性病害而有害于葡萄酒。这主要取决于糖和 pH 两个因素。pH 一方面决定活动的微生物种类，另一方面又决定被分解物质。细菌分解糖或分解有机酸，主要取决于其 pH 临界值。如果某细菌分解糖和分解酸的 pH 临界值不同，则在某一 pH 条件下，它只能分解一种物质，这种细菌为纯发酵细菌。相反，如果 pH 临界值相近，则细菌在给定 pH 条件下可分解多种物质，这种细菌为异发酵细菌。葡萄酒病害常由异发酵乳酸杆菌引起。

（1）酒石酸发酵病：虽然乳酸菌对 SO_2 和酒精都很敏感，但其依然存在于葡萄酒中。它们可分解葡萄酒的不同成分，如糖、酒石酸、甘油等，产生大量的 CO_2 气体，使葡萄酒变浑，平淡无味，失去色泽，变得浑暗。如果摇动感病葡萄酒，可见移动缓慢的光亮的丝状沉淀。

（2）苦味病：主要发生于瓶内陈红葡萄酒。发病葡萄酒具有明显的苦味，并伴随CO_2的释放和颜色的改变及色素沉淀。苦味菌多为杆菌，有断的，有多枝多节、互相重叠的。苦味病是乳酸菌将甘油分解为乳酸、乙酸、丙烯醛和其他脂肪酸的结果，因此也可称之为甘油发酵病。而苦味的产生，主要是甘油生成丙烯醛，并与多酚物质作用的结果。所以，苦味病主要发生在多酚含量高的红葡萄酒中。

（3）甘露糖醇病：感病葡萄酒变浑，一方面具有乳酸和乙酸味，另一方面具有甘露糖醇的甜味，味既酸又甜，像烂水果味，而且固定酸和挥发酸含量增加。这种病主要发生在较热的地区。如果发酵温度过高（38～40℃），pH较高，它可在发酵罐内发生。发病主要有两种情况：一种是由于发酵温度过高，酒精发酵停止；另一种是葡萄酒中含有糖。乳酸菌发酵果糖主要生成甘露糖醇，而发酵葡萄糖则主要生成乙酸或乳酸，因此，又将该病称为乳酸病。

（4）油脂病：油脂病主要发生于酿造不好、酒度低、pH高的白葡萄酒中。大多发生在比较寒冷的地区。它是由多种细菌引起的病害。油脂病是苹果酸-乳酸发酵的特殊表现：苹果酸含量降低，引起苹果酸-乳酸发酵的酒酒球菌表面包被多糖苷并互相连接，使葡萄酒呈油状；还有的细菌分解酒石酸和甘油。感病葡萄酒变浑，失去流动性，变黏，像油一样，在酒杯中摇动时最为明显。口感平淡无味。

（5）乳酸杆菌病害：主要由乳酸杆菌引起，另外还有纤细杆菌。乳酸杆菌的大小为（0.5～0.7）μm×（0.7～1.5）μm，呈单个或链状。乳酸由糖发酵形成（注意与苹果酸-乳酸发酵分开）。此外，还产生二氧化碳、乙酸、甘油等，使酒出现丝状浑浊，底部产生沉淀，有轻微气体产生，具有酸白菜和酸牛奶味道。这种病多发于3～4月（李华等，2007）。

3.3 葡萄酒微生物病害的预兆及防治

葡萄酒感染微生物病害时，会表现出以下异常现象：①外观失去透明度，有时颜色发生变化；②出现异、杂气味；③显微镜检查时，出现大量微生物；④挥发酸含量升高，正常葡萄酒的挥发酸含量一般不超过0.7g/L。若超过葡萄酒的挥发酸含量0.8g/L，则表明已有感病的征兆。

为了防止微生物病害的发生，必须除去发病条件，并在酒精发酵（酵母）和苹果酸-乳酸发酵（细菌）结束后，杀死或除去所有的微生物，这就必须首先保持葡萄酒厂良好的清洁状态；控制发酵，使之正常进行，并保证发酵完全。在发酵结束后的葡萄酒贮藏过程中还必须采取以下措施。

3.3.1 正确使用SO_2

在葡萄酒的贮藏过程中，应保持一定的游离SO_2浓度，并经常进行检验、调整。

当葡萄酒SO_2含量为100～1000mg/L时，SO_2先是刺激微生物，再使细胞活性减慢，最后导致其死亡。

细菌比酵母对SO_2更敏感，即比酵母容易致死。为使病菌停止活动，每升葡萄酒中含SO_2 20～30mg即可。要使有些病菌如产膜酵母完全消失，每升葡萄酒中SO_2含量则要高达 300mg。SO_2可消除所有病害，但对酒厂危害最大的醋酸菌，采用SO_2方法，只能暂时抑制其发展，而不能根治。

作为SO_2的辅助物，山梨酸也具有杀菌能力，但其杀菌能力只限于酵母，而对细菌无明显作用。因此，山梨酸必须与SO_2结合使用才有良好的效果。如果单独使用，只能促进细菌性病害的发生。此外，细菌还可分解山梨酸，产生具老鹳草味的2,4-乙二烯醇，其感觉阈值只有 0.009mg/L。

在使用山梨酸时，应注意以下几点：①山梨酸稍溶于水，因此，应使用山梨酸钾；②山梨酸只能用于甜型葡萄酒，而对于干型葡萄酒毫无用处；③山梨酸并不能使酒精发酵中止，因此不能用于中止发酵，而只能在贮藏过程中，经转罐或最好经过滤等除去多数酵母后才能使用。

3.3.2 正确进行添罐、转罐

在发酵结束后，应经常进行添罐，防止葡萄酒与空气接触。此外，应正确进行转罐，必要时进行过滤、下胶或离心等处理，以除去微生物。

3.3.3 微生物计数

在装瓶以前，最好在显微镜下或通过培养，对酵母和细菌进行计数，以决定并检查无菌过滤或离心的效果。需指出的是，离心处理只能去除酵母，而去除细菌的效果较差。

此外，还可检查葡萄酒的微生物抗性，其方法如下。

（1）醋酸菌试验：将葡萄酒在小瓶中装一半，敞开置于 25℃恒温箱中，如果葡萄酒在 48h 内表面生膜，则其抗病能力差，如能保持 5～6d 无病症，则很易贮藏。

（2）其他病害，包括所有的厌氧性病害和苹果酸-乳酸发酵：将葡萄酒在瓶中装满，密封，置于 25℃恒温箱中。3～4 周后测定其挥发酸含量和总酸含量并与对照比较。这一试验可在初冬时进行，以预测葡萄酒在春季升温后的贮藏性。

3.3.4 巴氏杀菌

用于巴氏杀菌的葡萄酒必须稳定，而且杀菌时应注意防止氧化。

加热杀菌的温度一般为 55～65℃，中等为 60℃就够了，酒度与酸度较高时，杀菌温度不需超出 55℃。

在有酒精存在时，微生物的抗热性降低，可用下列公式确定杀菌温度：

$$T_0 = 75 - 1.5\theta$$

式中，T_0 为葡萄酒最适宜杀菌温度（℃）；75 为葡萄汁杀菌温度（℃）；1.5 为试验系数；θ 为葡萄酒的酒度［%（V/V）①］。

按以上公式可以求出适宜杀菌温度。例如，9%～14%（V/V）佐餐葡萄酒，为 54～61.5℃；13%～16%（V/V）甜葡萄酒，为 51～55.5℃；17%～20%（V/V）高度甜葡萄酒，为 45～49.5℃。

① 酒度的法定符号为“%（体积分数）”，但实际上常用“%（V/V）”表示。

3.3.5 除菌过滤

当发现微生物病害征兆时，可及时分离转罐、添加合适浓度的 SO_2，并经除菌过滤后良好保存。

3.4 微生物侵染源

发酵容器和酿造设备是葡萄汁或葡萄酒的主要微生物侵染源。

此外，在原料采收季节，车间内输送的葡萄汁不仅会侵染酿酒设备，还会由于溅出而侵染空气、地面、墙壁及天花板等。

操作人员冲洗用水同样也可成为微生物侵染源。

在装瓶车间，微生物侵染所带来的后果最为严重，因此，对卫生要求也最为严格。

3.4.1 车间内空气

在空气中，除灰尘外，还带有大量的微生物，特别是容易引起再次侵染的细菌、酵母和霉菌。这些主要源于发酵场所溅、溢出的葡萄汁及工作人员。

3.4.2 水

对于冲洗用水，特别是葡萄醪（酒）容器、酒瓶及过滤机的冲洗用水，必须从一开始就保证其微生物学质量。

3.4.3 厂房及设备表面

原料处理设备，特别是破碎机、除梗机、压榨机及原料泵等，都是微生物主要的繁殖场所。

参观线路、破碎机滚筒、设备的内外表面、压榨机外壳等都必须在使用前后进行清洗。对于一些死角，应进行拆卸清洗，以保证设备的完全杀菌。

酵母的主要繁殖场所包括发酵及贮藏车间的地面、木质器具和水泥池等。

酵母和贮藏容器及其内保护层、附件，都必须重点检测。

对于水泥池和内衬玻璃水泥地，应经常检查保护层状况、接缝，以及在酒石底下是否有起泡及保护层脱落现象等。

在除菌装瓶时，灌装线即重点检测对象。在灌装线上，主要侵染源有酒槽、葡萄酒通路、过滤机、灌装机头及压塞机头等。它们应是重点检测对象。在使用前，最好用1%的亚硫酸水冲洗杀菌，或用蒸汽杀菌。

由于压塞机头是最容易引起微生物侵染的部件，因此，最好在每次灌装停止后，将它卸下来浸入杀菌剂中。

3.4.4 酒瓶

对于酒瓶，特别是回收的酒瓶，应进行严格的检验。新酒瓶有时也会带菌，但这些菌不能在葡萄酒中生长。在新酒瓶的存放过程中，它们可能装上带菌的液体（引起浑浊和异味）、玻璃屑或其他脏物。

3.4.5　葡萄汁

必须在下述阶段进行检测。

（1）在添加酵母前经降低微生物群体数量的处理（如离心、SO_2处理）后。

（2）对于变质原料，进行高浓度 SO_2 处理后。

（3）对于未经 SO_2 处理，在低温下充气贮藏的葡萄汁。

3.4.6　浓缩葡萄汁

浓缩葡萄汁的贮藏，需要在贮藏前对它及容器、环境进行严格的杀菌处理。因此，最好使用不锈钢罐贮藏。

3.4.7　葡萄酒

在葡萄酒酿造的各个工艺环节中，都必须对葡萄酒进行微生物检验。特别是含有残糖的葡萄酒，必须在良好的卫生状态和条件下贮藏。

3.4.8　葡萄酒辅料

各类葡萄酒辅料必须保存在与酿造车间隔离的干燥的库房中（李华和刘延琳，2000；李华和王华，2017）。

本 章 小 结

源于葡萄汁及葡萄酒的污物可分为矿物污垢、有机污垢和其他污垢，多数情况下，污垢都为复合污垢，即由微生物与矿物质或有机物构成。

对污垢的物理化学性质的了解可帮助选择去污剂；对微生物主要特性的了解可以帮助制定卫生方案和措施。

引起葡萄酒变质的微生物主要有霉菌、酵母、醋酸菌和乳酸菌。

霉菌在葡萄酒厂滋生，可散发出难闻的气味，并加速表面的腐蚀。

酵母种类众多，但直接参与葡萄酒酿造的只是有限的一部分酵母。葡萄酒的酵母病害主要是酒醭酵母病害（酒花病）和一些瓶内发酵病。酒花病是由酒醭酵母引起的，当容器中酒未装满，大量空气存在时，能大量繁殖。绝大多数是在破碎时从葡萄皮上带入汁内的。此外，产膜酵母尚有汉逊酵母、毕赤酵母和酒香酵母。它们能将酒精氧化为乙醛和乙酸，最后分解成 CO_2 和水。所以酒花病会引起酒度和总酸的降低，感病的葡萄酒味淡，像掺水葡萄酒，由于乙醛含量的升高而具有过氧化味。

醋酸菌是葡萄酒生产中的有害菌，从葡萄酒中分离出的醋酸菌主要是纹膜醋杆菌、巴氏醋杆菌和氧化葡萄糖杆菌。醋酸菌病害会引起葡萄酒挥发酸含量升高及酒的酸败。

乳酸菌一方面可进行苹果酸-乳酸发酵，有利于某些葡萄酒；另一方面则可引起厌氧性病害而有害于葡萄酒。乳酸菌对未进行苹果酸-乳酸发酵的酒及所有含糖的酒均有危险，并且可分解酒石酸、甘油等物质，从而发生多种乳酸菌病害，如甘露糖醇病、酒石酸发酵病、苦味病、油脂病等。

为了防止微生物病害的发生，必须除去发病条件，并在酒精发酵（酵母）和苹果酸-乳酸发酵（细菌）结束后，杀死或除去所有的微生物，这就必须首先保持葡萄酒厂良好的清洁状态；控制发酵，使之正常进行，并保证发酵完全。在发酵结束后的葡萄酒贮藏期间，正确使用 SO_2，以及正确进行添罐、转罐。

发酵容器和酿造设备是葡萄汁或葡萄酒的主要微生物侵染源。保持酒厂良好的卫生状况是防止微生物病害发生的有效预防手段。

主要参考文献

李华，刘延琳，2000. 葡萄酒卫生学. 西安：西安地图出版社

李华，王华，2017. 葡萄酒酿造与质量控制. 咸阳：西北农林科技大学出版社

李华，王华，袁春龙，等，2007. 葡萄酒工艺学. 北京：科学出版社

梁蒙，孙建平，秦燕飞，等，2021. 葡萄酒中几种潜在有害性物质研究进展. 酿酒科技，(1)：77-84

刘延琳，李华，Guex E，2002. 葡萄酒厂的清洗和消毒. 中外葡萄与葡萄酒，2：57-59

王琳，刘睿，孙德鹏，等，2020. 葡萄酒酿造过程中风险因素的分析研究. 酿酒科技，8：122-129

张春晖，李华，2003. 葡萄酒微生物学. 西安：陕西人民出版社

Freire L，Passamani F R F，Thomas A B，et al，2017. Influence of physical and chemical characteristics of wine grapes on the incidence of *Penicillium* and *Aspergillus* fungi in grapes and ochratoxin A in wines. International Journal of Food Microbiology，241：181-190

GB 2761—2017 食品安全国家标准　食品中真菌毒素限量

Ostry V，Malir F，Cumova M，et al，2018. Investigation of patulin and citrinin in grape must and wine from grapes naturally contaminated by strains of *Penicillium expansum*. Food and Chemical Toxicology，118：805-811

Remiro R，González-Peñas E，Lizarraga L，et al，2012. Quantification of ochratoxin A and five analogs in Navarra red wines. Food Control，27：139-145

Ubeda C，Ortega R H，Cerezo A B，et al，2020. Chemical hazards in grapes and wine，climate change and challenges to face. Food Chemistry，314：126222

4 水

液态水与地球生命起源紧密相关，也是人类赖以生存的关键物质。葡萄酒生产用到的水，无论是通过管道供应，还是钻井或地表水抽取，都要保证不会对人体健康产生危害（Soares，2018）。

水源对于描述水的“基本”质量至关重要。当水源为市政或城市用水时，相关部门通常会对其进行处理。供水商直接从河流、水井、湖泊或雨水中收集水时，必须进行处理，以保证饮用水质量。葡萄酒工业中，通常采用氯离子、臭氧、紫外线和反渗透等方法对水质进行处理（Soares，2019）。

在葡萄酒生产过程中所使用的水，无论是直接接触的水，还是间接接触的水，都必须是生活饮用水。我国现行标准 GB 5749—2006 对生活饮用水的定义是：供人生活的饮水和生活用水。在葡萄酒酿造过程中，直接接触的水主要是指用于工艺处理及添加剂和助剂制备的水；间接接触的水是指清洁和人员卫生用水。

与葡萄醪（葡萄酒）接触的冰必须由饮用水制成，它必须在防止污染的条件下制造、处理和储存。与葡萄醪（葡萄酒）直接接触的蒸汽，不得含有危害健康或者可能污染葡萄醪（葡萄酒）的物质。在对密封容器内的葡萄醪（葡萄酒）进行热杀菌时，应注意加热后用于冷却的水不会对葡萄醪（葡萄酒）造成污染。酿酒葡萄种植者必须采取适当措施，在必要时使用饮用水或清洁水，以避免污染。

非饮用水只能用于消防、蒸汽生产、制冷、地面清洗等不与产品直接接触的操作，并应在单独的、有适当标志的系统中循环。非饮用水不得与饮用水系统或葡萄醪（葡萄酒）系统相连或回流。

在进行清洗前，应先用水进行预冲洗，以除去不被设施表面所吸附的污垢。此外，水也是去污剂和消毒剂的载体，还可用于对葡萄汁或葡萄酒加热或冷却。

由于用途不同，水应该具备不同的特性：①供人直接食用的水为饮用水，但它并不适于各种工业用途；②锅炉用水的成分应能避免在锅炉中形成水垢；③在一些情况下，水不仅应能饮用，而且应具备相应的微生物学和物理化学质量标准。用于酒瓶冲洗和过滤膜清洗的水，必须经过过滤；用于对不锈钢罐喷淋冷却的水，必须是钙、铁、氯等含量低的水。

因此，应首先认识水的化学、物理、微生物学等方面的主要特性。因为这些特性在饮用和对设备的腐蚀，以及与去污剂、消毒剂的兼容性等方面都具有重要的意义（李华和刘延琳，2000）。

4.1 水的质量

即使在葡萄酒中从未发现致病微生物，也有必要控制生产、加工、包装和运输过程中用水的微生物和化学质量。良好的水卫生操作，从化学和微生物的角度保证了消费者的健康。

4.1.1 水中微生物的来源与种类

自然界中的水，往往含有大量的微生物，水中微生物的来源有：①土壤与尘埃；②人和动物的排泄物；③腐烂的生物机体；④非常情况下，敌人散播的生物毒剂。

水中微生物种类很多，从卫生学的观点来看，基本上可分为病原微生物、非病原性肠道微生物与土壤微生物（表 4.1）（李华和刘延琳，2000）。

表 4.1 水中可能含有的主要微生物

类别	微生物名称
病原微生物	痢疾杆菌、伤寒杆菌、副伤寒杆菌、霍乱弧菌、肝炎病毒、脊髓灰质炎病毒
非病原性肠道微生物	大肠杆菌、肠球菌、葡萄球菌、需氧芽孢杆菌、厌氧芽孢杆菌、乳酸杆菌
土壤微生物	需氧芽孢杆菌、厌氧芽孢杆菌、固氮菌、硝化菌等

沈燕等（2020）通过文献，总结了水环境中主要致病菌及其相关疾病（表 4.2）。

表 4.2 水环境中主要致病菌及其相关疾病

水中致病菌	相关疾病	来源
大肠杆菌（*Escherichia coli*）	霍乱、旅行者腹泻、溶血性尿毒综合征	饮用水、原水、地表径流、生活污水、屠宰废水
肠球菌属（*Enterococcus* spp.）	尿路感染、菌血症、心内膜炎、脑膜炎、伤口感染、肠胃炎	饮用水、井水、地表水、海洋、再生水
肺炎克雷伯菌（*Klebsiella pneumoniae*）	肺炎、败血病、尿路感染、腹泻、皮肤感染	地表水、池塘水、工业废水
幽门螺杆菌（*Helicobacter pylori*）	慢性胃炎、胃溃疡、胃癌	水库、市政污水、饮用水、井水、地表水
铜绿假单胞菌（*Pseudomonas aeruginosa*）	皮肤、肺、眼和尿路感染	医院供水系统、饮用水、游泳池水
沙门氏菌属（*Salmonella* spp.）	沙门氏菌病、菌血症、肠胃炎、肠热	养殖场废水、地表水、饮用水
金黄色葡萄球菌（*Staphylococcus aureus*）	皮肤感染、败血症、食物中毒	饮用水、娱乐用水、地表水
军团菌属（*Legionella* spp.）	肺炎等呼吸系统疾病	温泉、饮用水、娱乐用水、洗浴用水
链球菌属（*Streptococcus* spp.）	脑膜炎、肺炎、咽炎、耳部感染	洗浴用水、地表水、饮用水
弧菌属（*Vibrio* spp.）	霍乱、急性肠胃炎、败血病	河口水、池水、饮用水
志贺氏菌属（*Shigella* spp.）	腹泻、炎症性杆菌痢疾、志贺氏菌病	饮用水、生活污水
弯曲杆菌属（*Campylobacter* spp.）	腹泻、腹痛、菌血症、肝炎、胰腺炎	饮用水、地表水、海水、游泳池水

4.1.2 水的卫生细菌学指标

实际工作中多采用卫生细菌学指标来评价水质的好坏。常用的卫生细菌学指标有（GB/T 5750.12—2006《生活饮用水标准检验方法　微生物指标》）：总大肠菌群、耐热大肠菌群、大肠埃希菌、菌落总数。

（1）总大肠菌群：是指一群在 37℃培养 24h 能发酵乳糖、产酸产气、需氧和兼性厌氧的革兰氏阴性无芽孢杆菌。

（2）耐热大肠菌群：是指用提高培养温度的方法将自然环境中的大肠菌群与粪便中的

大肠菌群区分开，在44.5℃仍能生长的大肠菌群。

（3）大肠埃希菌：是一种革兰氏阴性杆菌，有鞭毛，可以运动，广泛地存在于自然界中，也存在于人体内的肠道中，在人体内的肠道中会起到一定的作用，可以合成维生素K和维生素B，对肠道是有益的菌群。菌群失调时，或者是当寄居的位置发生改变时，到达泌尿道、膀胱或者是其他部位就会导致感染。

我国现行水质标准规定，饮用水中总大肠菌群、耐热大肠菌群和大肠埃希菌不得检出（GB 5749—2006《生活饮用水卫生标准》）。

（4）菌落总数：是指水样在营养琼脂上、有氧条件下37℃培养48h后，所得1mL水样所含菌落的总数。我国现行水质标准规定，饮用水菌落总数不得超过100CFU/mL（GB 5749—2006《生活饮用水卫生标准》）。

水中菌落总数越多，说明水中有机物质越多，遭污染的可能性越大（表4.3），也说明水越适合病原微生物的生存发育。

表4.3 菌落总数与水源水质情况的评价

菌落总数/（100CFU/mL）*	水源水质情况的评价
0～100	非常清洁
100～1 000	清洁
1 000～10 000	可疑污染
10 000～100 000	污染
100 000～1 000 000	极度污染

注：*这个数值并不是1mL水样中真正含有的全部细菌数，因为有的菌在上述培养条件下不能生长发育

4.1.3 水质的评价

水质的好坏，以及能否作为生活饮用，除考虑含有微生物的情况外，还应根据水的物理、化学分析进行综合判断。表4.4列出了我国现行《生活饮用水卫生标准》（GB 5749—2006）中的水质常规指标及限值。

表4.4 水质常规指标及其限值（GB 5749—2006）

指标	限值
1. 微生物指标[a]	
总大肠菌群/（MPN/100mL或CFU/100mL）	不得检出
耐热大肠菌群/（MPN/100mL或CFU/100mL）	不得检出
大肠埃希菌/（MPN/100mL或CFU/100mL）	不得检出
菌落总数/（CFU/mL）	100
2. 毒理指标	
砷/（mg/L）	0.01
镉/（mg/L）	0.005
铬（六价）/（mg/L）	0.05
铅/（mg/L）	0.01
汞/（mg/L）	0.001
硒/（mg/L）	0.01
氰化物/（mg/L）	0.05
氟化物/（mg/L）	1.0
硝酸盐（以N计）/（mg/L）	10 地下水源限制时为20
三氯甲烷/（mg/L）	0.06
四氯化碳/（mg/L）	0.002

续表

指标	限值
溴酸盐（使用臭氧时）/（mg/L）	0.01
甲醛（使用臭氧时）/（mg/L）	0.9
亚氯酸盐（使用二氧化氯消毒时）/（mg/L）	0.7
氯酸盐（使用复合二氧化氯消毒时）/（mg/L）	0.7
3. 感官性状和一般化学指标	
色度（铂钴色度单位）	15
浑浊度（散射浑浊度单位）/NTU	1 水源与净水技术条件限制时为 3
臭和味	无异臭、异味
肉眼可见物	无
pH	6.5～8.5
铝/（mg/L）	0.2
铁/（mg/L）	0.3
锰/（mg/L）	0.1
铜/（mg/L）	1.0
锌/（mg/L）	1.0
氯化物/（mg/L）	250
硫酸盐/（mg/L）	250
溶解性总固体/（mg/L）	1000
总硬度（以 $CaCO_3$ 计）/（mg/L）	450
耗氧量（COD_{Mn} 法，以 O_2 计）/（mg/L）	3 水源限制，原水耗氧量>6mg/L 时为 5
挥发酚类（以苯酚计）/（mg/L）	0.002
阴离子合成洗涤剂/（mg/L）	0.5
4. 放射性指标[b]	
总 α 放射性/（Bq/L）	指导值 0.5
总 β 放射性/（Bq/L）	指导值 1

注：a. MPN 表示最可能数；CFU 表示菌落形成单位。当水样检出总大肠菌群时，应进一步检验大肠埃希菌或耐热大肠菌群；水样未检出总大肠菌群，不必检验大肠埃希菌或耐热大肠菌群

b. 放射性指标超过指导值，应进行核素分析和评价，判定能否饮用

在特殊情况下，可考虑是集中式还是分散式给水，是长期用还是短期用，是饮用还是游泳或生产用等具体情况，适当放宽某些指标。至于哪些指标可放宽，放宽到什么程度，必须从对水质的三项基本卫生要求出发，即①感官性状良好；②不能发生水媒传染病；③不致发生中毒。

在评价水源质量时，应根据使用单位水质改善能力及使用的目的来确定是否可供使用。

4.1.4 饮用水的微生物学质量

对水进行微生物分析，可确定其可饮用性。微生物分析的方法主要是对水中的各种微生物进行计数。

对好氧性细菌的计数，可以衡量自然基质中的生活细菌群体。

对大肠杆菌的计数，可表明水是否受粪便的污染。粪便链球菌、梭状芽孢杆菌等都是厌氧细菌，它们存在于人的消化道中，由于其抗性强，它们的存在表明水被污染得较早。此外，还应对沙门氏菌进行分析，该菌可引起伤寒和胃肠炎。

所有上述细菌均不能在葡萄酒中生长。

霉菌、酵母、乳酸菌和醋酸菌虽然不影响水的饮用质量，但也应避免。特别是对灌装线的冲洗，水可能成为微生物污染的载体，从而引起酒的病害。所以，对于一些工艺环节，如酒瓶的冲洗、滤膜的清洗等，冲洗用水应过滤消毒后才能使用。

4.2 水的化学成分及其利用

pH 可衡量水的酸度。水的 pH 越低，就越酸，对设施的腐蚀性越强。但水的 pH 太高又会形成钙质沉淀（如管道、锅炉的结垢），蒸发和升温可加速这一沉淀。

导电性可用来衡量用碱液清洗后的冲洗质量和锅炉用水的质量。因为水的导电性是快速测定其溶解物的指标，其单位是微欧/厘米（μΩ/cm）。

水的颜色过深对于过滤材料等的冲洗非常不利。

干物质总量表示水中矿物质（矿化）的含量，干物质总量过高，易引起管道的结垢。

悬浮物主要为植物残屑、浮游生物及生活和工业废弃物等，其可提高水的浑浊度。

水的溶解氧含量越高，其饮用质量越好，但对锅炉的腐蚀性越强。

生化需氧量（BOD）为一定体积的水样在 20℃条件下培养 5d 后，测定水体中溶解氧消耗的毫克数。未污染水的生化需氧量为 1～3mg/L。

化学需氧量（COD）为氧化每升水中的可氧化物所消耗氧的毫克数，因此，可氧化物包括有机物和矿物质。

生化需氧量及化学需氧量可用于衡量水的污染度。

有机碳总量可用于直接测定水中有机物的含量。

虽然氯的味觉阈值为400mg/L，但水中氯的含量达到100mg/L 就会对金属产生腐蚀作用。

硫酸盐的含量如果超过 100mg/L，也会对金属及混凝土产生腐蚀作用。

氨的存在表示水在近期被污染，氯可与氨结合形成具有杀菌作用的氯胺，这些物质具有“氯味”。

锅炉用水的钠和钾的含量之和超过 50mg/L 时就会形成泡沫。

水的硬度：硬度是指水中离子沉淀肥皂的能力。

$$\underset{\text{（肥皂）}}{\text{硬脂酸钠}}+\text{钙或镁离子} \longrightarrow \underset{\text{（沉淀物）}}{\text{硬脂酸钙或硬脂酸镁}}\downarrow$$

所以，水的硬度取决于水中钙、镁盐类的总含量，即水的硬度通常指的是水中钙离子或镁离子盐类的含量。

硬度分为总硬度、碳酸盐硬度和非碳酸盐硬度。

碳酸盐硬度主要涉及的化学成分是钙、镁的重碳酸盐，其次是钙、镁的碳酸氢盐。由于这类盐一经加热煮沸就分解成为溶解度很小的碳酸盐，硬度大部分可除去，故又称暂时硬度。

$$Ca(HCO_3)_2 \longrightarrow CaCO_3\downarrow + CO_2\uparrow + H_2O$$

$$Mg(HCO_3)_2 \longrightarrow Mg(OH)_2\downarrow + 2CO_2\uparrow$$

非碳酸盐硬度表示水中钙、镁的氯化物（$CaCl_2$、$MgCl_2$），硫酸盐（$CaSO_4$、$MgSO_4$），硝酸盐［$Ca(NO_3)_2$、$Mg(NO_3)_2$］等盐类的含量。这些盐类经加热煮沸不会发生沉淀，硬度不变化，故又称永久硬度。

$$总硬度=\frac{\left[Ca^{2+}\right]}{20.04}+\frac{\left[Mg^{2+}\right]}{12.15}(毫克当量/L)$$

式中，$[Ca^{2+}]$为水中钙离子含量（mg/L）；$[Mg^{2+}]$为水中镁离子含量（mg/L）。

根据水质分析结果，可算出总硬度。水的硬度以碳酸钙计。国家标准对水的硬度分类（GB/T 14848—2017《地下水质量标准》）以人体健康基准值为依据，主要适用于集中式生活饮用水水源及工农业用水。国家对生活饮用水的要求是平均总硬度不得超过450mg/L。总硬度<150mg/L为软水；150～450mg/L为硬水；450～714mg/L为高硬水；>714mg/L为特硬水（韩媛媛等，2015）。

锅炉用水硬度太高，特别是暂时硬度太高，会使锅炉及管道结垢，十分有害。因为经过长期烧煮后，水里的钙盐和镁盐会在锅炉内结成锅垢，使锅炉内的金属管道的导热能力大大降低，这不但浪费燃料，而且会使管道局部过热，当超过金属允许的温度时，管道将变形或损毁，严重时会引起锅炉爆炸事故。很多工业部门，如纺织、印染、造纸、化工等，都要求用软水。因此，对天然水进行处理，以降低或消除它的硬度是很重要的。

CO_2含量在钙-碳平衡中起着非常重要的作用。如果水的CO_2含量超过平衡CO_2含量，则会结垢；反之，如低于平衡CO_2含量，则具有腐蚀性。在水中加入聚磷酸盐，可与钙、镁形成可溶性复合物，从而避免或减少管道的结垢。此外，聚磷酸盐由于能阻碍凝结和絮凝作用，因而还具有分散剂的作用。

GB/T 1576—2018《工业锅炉水质》对工业锅炉用水水质做出了相应的规定。

4.3 水的处理

水处理的目的是除去水中的固体物质、降低硬度和含盐量，杀灭微生物及排除所含空气。

有多种水处理工艺用于保证水不会对葡萄酒生产造成风险，而选择最合适的工艺则取决于水源和水的预期用途。由于各酒厂对所用的水质要求各不相同，因此水处理程序与方法也就不相同。

一般水处理的程序和方法是先过滤后消毒。

4.3.1 水的过滤

过滤是一种净化水有效而重要的工艺处理过程，采用最新的过滤技术，不再是只除去水中的悬浮杂质和胶体物质，还能除去水中的异味、颜色，以及铁、锰及微生物等物质，从而获得品质优良的水（李华和刘延琳，2000）。

通过过滤可以除去以自来水为原水的水中的悬浮杂质、氢氧化铁、残留氯及部分微生物。

过滤也可以除去以井水（或矿泉水、泉水）为原水的水中的悬浮杂质、铁、锰及部分细菌。

含铁量偏高的地下水，可在过滤前采用曝气的方法，使空气氧化二价铁变成高价的氢氧化铁沉淀，然后通过过滤加以除去。

当原水中含锰量达 0.5mg/L 时，水具有不良的味道，所以必须除去。除锰的方法很多：可以先用氯氧化，使锰以二氧化锰的形式沉淀；也可添加氧化剂（$KMnO_4$ 或 O_3）使锰快速氧化，以氧化锰形式沉淀。如果水中的含锰量不太高，可采用在滤料上面覆盖一层一定厚度的锰砂（即软锰矿砂）的处理方法，能获得很好的除锰效果。

常用砂石过滤（图 4.1），以砂石、木炭作滤层，滤层的厚度依水的浑浊度而定，一般滤池从上至下的填充料为小石、粗砂、木炭、细砂、小石等。滤层总厚度为 70～100cm。

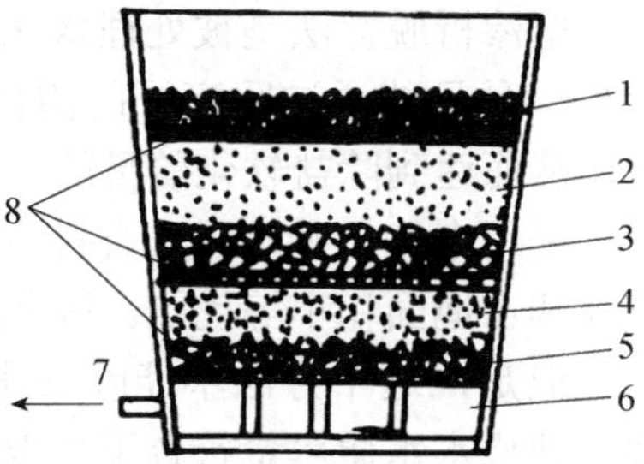

图 4.1　砂石过滤示意图

1. 小石；2. 粗砂；3. 木炭；4. 细砂；5. 小石；6. 竹罩；7. 出口；8. 棕垫

以上对原水的过滤处理，除了除去原水中的杂质、胶体物质、铁、锰、部分微生物和余氯，还能保证后继水处理设备的可靠运行和取得优良的水质。

为了保证饮料用水的消毒效果，须在水消毒前进行砂滤棒过滤，使原水中存在的少量有机物及微生物被砂滤棒的微小孔隙吸附截留于表面而除去。

砂滤棒过滤器已是我国水处理设备中的定型产品，根据处理的水量选择其适用的型号。同时考虑到生产的连续性，至少有两台并联安装。当一台清洗时，可使用另一台。

在使用中，由于砂滤棒过滤器的材料较脆，当水压太高时很容易破碎，造成污染。所以，在操作中要严格注意表压，如表压突然下跌，应立即停用，待检修后方能使用。

当砂滤棒使用一段时间后，表压逐渐升高，这是砂滤棒外壁积垢较多，滤水量下降所引起的。当表压升至一定值时，应立即停止使用。将砂滤棒卸出，用水砂纸轻轻擦去表面的污垢层，经刷洗冲净恢复至砂滤棒原色，即可安装重新使用。

若使用洗涤剂，也可以作封闭冲洗，不用卸出砂滤棒。

砂滤棒在使用前均需消毒处理，一般将 75%的酒精、0.25%的新洁尔灭或 10%的漂白粉液注入砂滤棒内，堵住出水口，使消毒液与内壁完全接触，数分钟后倒出。安装时，凡是与净水接触的部分都要进行消毒。

4.3.2　水的软化

硬度大的水（一般是地下水）未经处理不能作为洗涤和冷却等的生产用水，不然会产生大量水垢，使清洁的玻璃瓶发暗、堵塞洗瓶机的喷嘴和降低换热器的传热效率等，因此使用前必须进行软化处理，使原水的硬度降低（李华和刘延琳，2000）。

4.3.2.1　石灰软化法

石灰软化法是一种简易的软化处理法。此法不仅能除去水中的 CO_2 和绝大部分的碳酸盐，也可降低水中碱和盐含量，同时还能除去水中的部分铁和硅的化合物。

此法不能除去水中的非碳酸盐，只适合处理碳酸盐硬度较高、非碳酸盐硬度较低、对软化要求不很高的水。

石灰软化处理是目前循环冷却水处理应用最广泛的一种方式，具有技术成熟、石灰来源广泛、运行费用低、操作简单、不污染自然水体等优点（陈垒，2019）。

4.3.2.2 电渗析脱盐法

采用电渗析处理，可以脱除原水中的盐分，从而降低水质硬度并可提高水的质量。在一般水中，溶解杂质主要有 6 种离子（Ca^{2+}、Mg^{2+}、Na^{+}、HCO_3^-、SO_4^{2-}和 Cl^-）。所有阴、阳离子的总含量叫作含盐量，其中 Ca^{2+}和 Mg^{2+}含量的总和叫作水的总硬度，一般来说，地下水的总硬度比地表水的高。

电渗析脱盐法是被处理水在直流电场的作用下，利用只能通过阳离子的阳离子交换膜和另一种只能通过阴离子的阴离子交换膜，分别有选择性地除去原水中的阳离子和阴离子，从而达到除盐软化的目的。

采用电渗析脱盐法具有投资少、脱盐率高、省电、可连续处理、操作简单、检修比较方便和占地面积小等优点。因此，近年来在软饮料行业中已得到广泛的应用。

但是，这个方法不能除去水中的不溶性杂质。原水在电渗析处理前必须先进行预处理，使原水水质尽量符合下列要求：浊度<2mg/L，色度<20 度，含铁锰总量<0.3mg/L，有机物耗氧量（高锰酸钾法）<3mg/L。

电渗析脱盐法存在的最大缺点是水的利用率较低（一般在 50%左右），在处理过程中需要排放大量的浓盐水和极水。

通过电渗析处理的水，脱盐率可达 80%以上。

高湘（2000）认为，利用电渗析将咸水净化为优质饮用水时，应重视预处理部分的工艺选择。在满足电渗析进水条件的要求下，应使进水水质越优越好。当电渗析采用频繁倒极和酸洗措施时，应加强预处理出水的浊度、色度、有机物和氯含量的控制，减少膜黏垢的产生，保证电渗析的处理效果。同时设计中应注意进水中铁、锰离子的控制，防止其对膜的破坏，不但要注意原水中铁、锰离子的含量，而且要注意处理过程或操作中铁、锰离子的变化，设计相应措施以避免不利情况的出现。

4.3.2.3 离子交换法

当硬水通过离子交换器内的离子交换剂层时即可软化。离子交换剂有阳离子交换剂与阴离子交换剂两种，用来软化硬水的为阳离子交换剂。阳离子交换剂常用钠离子交换剂和氢离子交换剂。

离子交换剂软化水的原理，是软化剂中 Na^+或 H^+能与水中的 Ca^{2+}、Mg^{2+}等离子进行交换，把水中的 Ca^{2+}、Mg^{2+}交换出来，硬水就被软化了。

钠离子交换反应如下。

$$CaSO_4 + 2R\text{-}Na \longrightarrow Na_2SO_4 + R_2Ca$$

$$Ca(HCO_3)_2 + 2R\text{-}Na \longrightarrow 2NaHCO_3 + R_2Ca$$

$$MgSO_4 + 2R\text{-}Na \longrightarrow Na_2SO_4 + R_2Mg$$

$$Mg(HCO_3)_2 + 2R\text{-}Na \longrightarrow 2NaHCO_3 + R_2Mg$$

式中，R-Na 为钠离子交换剂分子式的简写，R 代表它的残基。

硬水中 Ca^{2+}、Mg^{2+}被 Na^{+}置换出来，残留在交换剂中，当钠离子交换剂中的 Na^{+}全部被 Ca^{2+}、Mg^{2+}代替后，交换层就失去了继续软化的能力，这时就要用较浓的食盐溶液进行交换剂的再生。食盐中的 Na^{+} 仅能将交换剂中的 Ca^{2+}、Mg^{2+}交换出来，再用水将置换出来的钙盐和镁盐冲洗掉，离子交换剂又恢复了软化水的能力，可以继续使用。

$$R_2Ca + 2NaCl \longrightarrow 2R\text{-}Na + CaCl_2$$

$$R_2Mg + 2NaCl \longrightarrow 2R\text{-}Na + MgCl_2$$

同理，硬水通过氢离子交换剂（R-H），水中 Ca^{2+}、Mg^{2+}被 H^{+}置换，从而使水被软化。氢离子交换剂失效后，用硫酸来再生。

为了获得中性的软水或改变原来水的酸碱度，可用 H-Na 离子交换剂，将一部分水经钠离子处理生成相应的碱，另一部分经氢离子处理生成相应的酸，然后再将两部分水混合，而得到酸碱适度的软水。

离子交换器的装置如图 4.2 所示。硬水由管引入，在交换器顶部经分配漏斗（2）使水均匀分配，经离子交换层（5）、砂层（6）、泄水装置（7）将硬水软化并过滤，由软化水出口（9）排出而得到软水。再生时所用的浓盐水或硫酸溶液相对密度大，送入速度小，进入环形管（4），经喷嘴（3）使盐水分散。

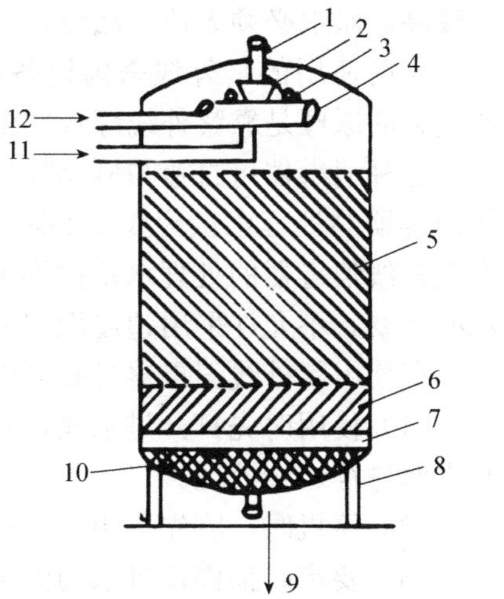

图 4.2 离子交换器的构造

1. 排水管；2. 分配漏斗；3. 喷嘴；4. 环形管；5. 离子交换层；6. 砂层；7. 泄水装置；8. 机座；9. 软化水出口；10. 混凝土层；11. 生水；12. 盐水

离子交换法的脱盐率高，也比较经济。但是，在脱盐时需要消耗大量的食盐或硫酸来再生交换剂，排出的酸、碱废液对环境会造成一定的污染。

4.3.2.4 反渗透法

反渗透法是以一种半透膜为介质，对被处理水的一侧施以压力，使水穿过半透膜，而达到除盐的目的。它具有透水量大和脱盐率高（90%以上）的特点，并且水的利用率也高。但由于对原水的要求较高、投资大等原因，目前国内采用得还不多，只有个别先进的饮料厂采用这种设备。反渗透技术在我国供水行业中的应用目前主要集中在海水淡化、苦咸水淡化、应急保障供水及家用供水 4 个方面（孙健等，2020）。

4.3.3 水的消毒

水的消毒方法很多，主要可分为物理消毒法、化学消毒法、联合消毒法三类。李亚峰和张子一（2019）总结了饮用水的消毒技术。在这些方法中以物理消毒法中的紫外线消毒最适于软饮料用水的消毒。紫外线消毒具有很多优点，它不会改变水的物理化学性质，无毒性，杀菌能力强，可连续处理，时间短，设备简单，操作方便等，因而被饮料厂广泛应用。

4.3.3.1 紫外线消毒法

当用波长 200～275nm 的紫外线照射微生物时，紫外线的光子能量可以使微生物蛋白质变性失活，同时迅速破坏微生物的核酸，阻碍微生物生长发育和繁殖，来消灭水中的致病菌。相比于化学消毒技术，紫外线消毒法既不产生有机副产物，也不产生无机副产物，可更安全、更快速地消灭微生物，同时可以有效地杀死隐孢子虫和贾第鞭毛虫卵囊。紫外线消毒不改变饮用水中的物质成分和水的氧化还原性，因此不会腐蚀管道设备。但是紫外线消毒不具备持续消毒的效果，往往与化学消毒法联合使用以保证处理后的水质稳定性（李亚峰和张子一，2019）。

紫外线的杀菌效果受水的色度、浊度及微生物等因素的影响。因此，对原水的水质要求较高。原水必须无色，浊度在 1.6 度以下，微生物数很少，否则会影响杀菌的效果。

目前使用的紫外线杀菌设备主要是紫外线饮水消毒器，这是我国自己生产的杀菌设备。它的原理是靠紫外线灯管发出的紫外线，将流经灯管外围水层中的细菌杀死。

这种消毒器可直接与砂滤棒过滤器的出水管道连通，使用相当方便。但是所用的紫外线消毒器的处理水量应大于实际生产的用水量，一般以超出实际用水量的 2～3 倍为宜。当紫外线消毒器的处理水量供不上实际生产用水时，可增加消毒器的台数，来满足生产用水的需要。不允许采用超过规定的最大流量来提高处理水量，否则将会降低其杀菌效果。

在使用紫外线消毒器时必须注意以下几点。

（1）使用时先打开进水阀，让夹层注满水后开启紫外线灯，灯照一段时间后，方可打开水阀进行连续处理。

（2）停机时，应先关闭进水阀，然后关熄紫外线灯管。

（3）要定时抽样检查水的消毒情况。

（4）要经常清洗石英套管，保持良好的透光性，以保证杀菌效果。

（5）要经常检查紫外线灯管，若发现灯管发红，应立即更换新灯管。据介绍，灯管使用半年更换一次为好，这样能保持充足的紫外线发射率。

（6）如果消毒器连续处理时间过长，可多安装一台交替使用，这样可延长灯管的使用寿命。

4.3.3.2 氯消毒法

氯消毒法是当前世界各国最普遍使用的饮用水消毒法。由于此法操作简单，费用低，无须专用设备，适宜处理大容量水，而且杀菌能力很强，因此在生产实际中得到广泛的应用。

此消毒法只适于某些没有采用自来水的饮料厂，用来处理自取的地下水为生产及生活用水消毒。虽然此法是目前广泛使用的简单而有效的消毒方法，但是由于经氯化的水中会存在一定的残余氯，它会使水带有不同程度的氯味和其他异味，并且过量的氯还会与饮料中的色素和香料发生氯化作用，影响其质量。因此，氯消毒法不能用于直接配制饮料用水的消毒。一般的地下水比较洁净，所含的微生物也较少，这些地下水的硬度，铁、锰等含量均符合生活饮用水标准，可直接使用，不需进行水处理和消毒。如果细菌指标超标，必须对这些地下水进行严格的消毒处理。

因液氯存在储存和运输上的安全隐患，目前多采用次氯酸来代替液氯进行消毒，通常采用漂白粉的澄清液对水进行消毒。方法是，将漂白粉澄清液通过塑料管滴入贮水池进水口的水流中，使漂白粉液与水能充分地混合，并保持较长的接触时间，从而取得较好的杀菌效果。滴入的量按余氯比色来定，以出水口的余氯控制在0.25mg/L为宜，小于0.1mg/L时不安全，大于0.3mg/L时则水含有明显的氯味。

漂白粉澄清液的浓度一般为1%～2%，容器要加盖封严，避免分解挥发而失效。

4.3.3.3 臭氧消毒法

臭氧是氧的一种变体，其分子由3个氧原子组成，很不稳定，在水中易分解成氧气和一个活泼的氧原子。这一活泼的氧原子是一种很强的氧化剂，能与水中的细菌及其他微生物或有机物作用，使其失去活性。因此，臭氧是很强的杀菌剂。

臭氧是已知可利用的最强氧化剂之一，适用pH范围广，可作用于细菌的蛋白质外壳和多糖，使蛋白质变性失活，改变细胞的通透性。还可穿透细菌细胞壁，作用于生物酶系统，破坏核酸等遗传物质，同时能够灭活病毒、芽孢等，氧化分解大分子有机物，起到脱色的作用（李亚峰和张子一，2019）。

臭氧消毒法是在水中直接加入臭氧，原水的浊度对其消毒效果有显著影响，一般多用于浊度较小的水消毒。

由于臭氧是用空气通过臭氧器进行无声放电制成，耗电量大，价格较高，因此使用受到一定限制。

酒厂用水可根据不同用途进行处理，一些可能的组合如下。

（1）一般清洗用水：自来水。

（2）冲瓶用水：除菌过滤，在冷水槽中加入杀菌剂，使冷水无菌；如所使用的自来水含细菌，可在进水管中加入过氧乙酸杀菌剂，并定时对出瓶机头空间进行杀菌。

（3）配酒用软水：砂滤棒过滤—消毒。

（4）配酒用硬水：自来水—离子交换树脂处理—除菌板过滤。

本章小结

在葡萄酒生产过程中所使用的水，无论是直接接触的水，还是间接接触的水，都必须是生活饮用水。非饮用水只能用于消防、蒸汽生产、制冷、地面清洗等不与产品直接接触的操作，并应在单独的、有适当标志的系统中循环。非饮用水不得与饮用水系统或葡萄醪（葡萄酒）系统相连或回流。

清洗和酿造用水的质量直接关乎产品质量。

酒厂用水主要应考虑的因素是水的微生物学质量与水的化学质量，水的菌落总数、水的硬度及氯的含量最为重要。

酒厂用水的目的不同，水处理程序与方法也不同，一般水处理的程序是先过滤后消毒。

硬度大的水，在使用前应根据需要进行软化，软化的方法有石灰软化法、电渗析脱盐法、离子交换法和反渗透法。

水的消毒方法有紫外线消毒法、氯消毒法、臭氧消毒法或联合消毒法。

主要参考文献

陈垒，2019. 石灰软化处理系统石灰计量工艺选择对比分析. 工业水处理，39（4）：107-108
高湘，2000. 电渗析用于饮用水生产的设计实例. 给水排水，26（7）：22-24
韩媛媛，颜苏芊，温婧，2015. 两种水过滤形式在纺织厂空调室的应用对比. 洁净与空调技术，1：70-73
李华，刘延琳，2000. 葡萄酒卫生学. 西安：西安地图出版社
李亚峰，张子一，2019. 饮用水消毒技术现状及发展趋势. 建筑与预算，9：62-69
沈燕，贾舒宇，李紫涵，等，2020. 水环境中致病菌分子生物学检测技术研究进展. 环境监控与预警，12（5）：1-13
孙健，刘海燕，陈才高，2020. 反渗透技术在我国饮用水行业中的应用. 净水技术，39（S2）：1-6
GB 5749—2006 生活饮用水卫生标准
GB/T 14848—2017 地下水质量标准
GB/T 1576—2018 工业锅炉水质
Soares N，2018. 食品工业中的用水问题和管理规范. 食品安全导刊，7：48
Soares N，2019. 食品工业水质管理的六个步骤. 食品安全导刊，3：40-42

5 清洗与消毒

卫生是以下三种清洁的总和。

（1）物理清洁：通过机械过程（喷射、刷子、超压等），有时还应添加洗涤剂，去除附着在表面的污垢，即清洗或去污。

（2）微生物清洁：用消毒剂或杀菌剂去除不良微生物（酵母、细菌、霉菌等），即消毒。

（3）化学清洁：用水去除化学污染物，特别是所使用的洗涤剂或消毒剂的残留物，即冲洗。

清洗或稀释用水必须是饮用水。

在葡萄酒生产链的每一个环节，为了防止微生物和其他各类污物的污染，保证葡萄酒的质量和安全，卫生工作是必不可少的。清洗和消毒是实现葡萄酒卫生的基本手段。清洗和消毒的方式要适合每一种情况，如葡萄酒的类型、所处的工艺阶段及需要清洗和消毒的元素。在卫生工作中要掌握“适度原则”，以防清洁度不够而带来的质量问题，或清洁过度而带来的时间和资金的损失及对生产的不利影响（刘延琳等，2002）。

5.1 清　　洗

清洗是指去除物体表面受到物理、化学和微生物作用而形成的污染层或覆盖层（污垢）而使其恢复原表面状况的过程。同时它又是消毒、灭菌前的重要准备工作。

5.1.1 清洗的原理

清洗过程可分为 5 个阶段：①湿润；②污垢与其附着表面的分离；③污垢分散在清洗液中；④分散污垢的稳定；⑤冲洗排除污垢。

污垢依靠表面张力、范德瓦耳斯力（在气体、液化气体、固化气体及几乎一切有机液体和固体中，中性分子间相互吸引的一种弱电力，也可称为原子间和分子间的弱引力）和静电引力附着在附着面上，要将污垢与附着面分开，就必须降低或除去上述力量，并使清洗液能进入污垢和附着表面之间。这一湿润过程只有当污垢和附着表面都是或都变成亲水表面才有可能。表面活性物质可达到这一目的。

当在清洗水中加入表面活性物质后，它可覆盖附着表面，并包裹污垢，其分子的疏水极固定在表面，而亲水极则使之进入水中。这样两个表面都变为可湿性表面，可将污垢与附着面分开。

纯粹的去污作用是由于能形成胶束。在水溶液中，当表面活性物质达到一定浓度后，就可引起胶束的形成。洗涤剂的分子包裹污垢，并集结成胶束，为表面活性物质所包裹，表面活性物质的亲水端则使胶束进入水中，从而以悬浮状态存在。

刷洗和清洗液的高压冲刷可加速污垢的分离与扩散。在这一阶段，应避免污垢重新被设施表面所吸附。对清洗液的机械搅拌，可促进污垢悬浮液的稳定。

在清洗结束后，应用清水进行冲洗。冲洗包括以下三个过程。

（1）清水在不与洗涤剂混合的情况下，排掉洗涤剂溶液；

（2）清水一旦与洗涤剂溶液混合，洗涤剂的浓度迅速下降；

（3）洗涤剂浓度降低的速度越来越慢。

注意：在冲洗过程中，只能将洗涤剂的浓度降低到所要求的水平以下，并不能将污垢和洗涤剂全部排除。因此，洗涤剂与消毒剂一样，应为无毒物质。

在水中加入表面活性物质，可降低表面张力，从而可清洗掉设施表面裂缝中的污垢。

清洗依靠化学物质和机械作用完成。化学物质包括洗涤剂、氧化剂及酶制剂。机械作用包括刷、研磨、超声波等，它们可补充化学物质的作用（李华和刘延琳，2000）。

影响清洗效果的因素包括以下几点（禹英奎，2020）。

（1）时间。所有去除污垢的化学过程取决于时间因素；共同依靠化学剂的化学作用，污垢能逐层去除；同时必须依靠化学剂浓度及一定的接触时间来去除最后剩余的污垢；必须根据合适的浓度和合适的温度来决定清洗溶液和污垢接触的时间。

（2）机械作用。产生均匀往下流动的清洗液膜，产生摩擦作用。

（3）化学力。选择合适的洗涤剂的依据是：能快速、完全溶于水；污垢特性和去污方法相适合；无泡及消泡功能；对清洗表面无影响；生物降解。

（4）温度。温度的选择取决于：加热装置；污垢去除难度；化学剂成分；设备材质；温度提高10℃相当于2倍的化学剂反应速度。

5.1.2 洗涤剂的种类及作用方式

洗涤剂是有利于污垢与其附着表面分离的化学物质。一般情况下，洗涤剂包括多种具有相互补充作用的化学成分，其中一些成分还具有消毒作用（李华和刘延琳，2000）。

5.1.2.1 碱性洗涤剂

碱性洗涤剂主要去除有机污垢，其可溶解或分解污垢，从而将之除去。它们使清洗液的pH保持在较高的水平，并且具有缓冲作用。主要的碱性洗涤剂有氢氧化钠、苛性钾、碳酸钠、磷酸氢二钠、焦硅酸钠、正硅酸钠和氨水。

5.1.2.2 酸性洗涤剂

酸性洗涤剂则不常用。它们主要通过溶解和分解去除矿物污垢。

硝酸可用于新不锈钢，使之钝化。盐酸不常用。磷酸则最常用，因为它与很多表面活性剂都兼容。50%的硫酸比磷酸效果更好，而且更为便宜，它可以与很多表面活性剂混合使用。

5.1.2.3 螯合剂

螯合剂可使污垢中的矿物质溶解，特别是使钙和镁溶解。最常用的螯合剂是乙二胺四乙酸（EDTA），它可以与钙或镁形成可溶性复合物。其他螯合剂有聚磷酸盐和葡糖酸盐。螯合剂可解决由水的硬度带来的问题，从而避免昂贵的除盐处理。

5.1.2.4 表面活性剂

表面活性剂可降低液体的表面张力。在清洗过程中，它们可以改变表面间的性质。表面活性剂为有机化合物，其分子具有两极：亲水极和亲脂极（即疏水极）。疏水极固定在污垢或其附着物的表面，亲水极则趋于水溶液中，使污垢与附着表面间变得更具可湿性，便于污垢的脱离。

阴性表面活性剂最为常用，其疏水基团为由12～18个碳原子构成的碳链。碳链可有少量分支，也可与苯核连接。其亲水基团则由硫酸根（SO_4^{2-}）或羧酸根（$—COO^-$）构成。它们在碱性溶液中稳定，但可与硬水中的钙、镁离子形成沉淀。此外，它们还可形成泡沫，但不能单独用于喷洒。

碱基表面活性剂也是由疏水碳链和亲水铵构成的。它们除具有去污作用外，还具有杀菌作用。它们与酸基表面活性剂不兼容。由于设施表面对它们具有强烈的吸附作用，因此很难冲洗掉。

两性电解质为另一大类表面活性物质，不常用。它们在酸性溶液中具有碱的性质，而在碱性溶液中则具有酸的性质。

5.1.2.5 氧化剂

氧化剂主要用于分解污垢中的有机物。最常用的有双氧水、在酸性溶液中使用的碘化物和在碱性溶液中使用的氯化物。在葡萄酒行业，氧化剂主要用于消毒。

5.1.2.6 酶制剂

酶制剂主要有蛋白水解酶、脂肪水解酶、果胶水解酶等，主要用于分解污垢中的有机物。但其使用需要严格的条件：pH中性、适宜的温度。

总之，清洗结合了可除去表面污垢的化学方法和物理方法，清洗后必须用水冲干净。

5.2 消　毒

消毒是指大量降低病害微生物或影响质量的微生物的群体数量，因此是去除或杀死微生物，但并不完全，而且其作用也是暂时的。根据卫生要求的不同，其消毒的程度也不相同。例如，装瓶前除菌过滤机的消毒就应比仅为澄清的硅藻土过滤机的消毒要求严格得多。此外，消毒仅针对设备而言；而灭菌则是指杀死所有的微生物，既可针对设备，也可针对产品（李华和王华，2017）。

消毒只能在清洗和冲洗后进行，因为微生物附着在污垢和设备的表面，而且一些污垢对微生物具有保护作用，而清洗可在除去污垢的同时大量降低微生物的群体数量。

消毒只能在设备使用前进行，因为消毒的作用是暂时的，在对设备消毒后若不立即使用，很容易被微生物重新污染，特别是在温暖而湿润的环境中。

在消毒后，应用清水将消毒剂冲洗干净，但冲洗用水不得含有侵染性微生物（酵母、细菌等）。

消毒方法包括物理方法、化学方法或两者结合使用。

高温可使微生物的蛋白质凝固，从而杀死微生物。死亡率为单位时间内杀死的微生物

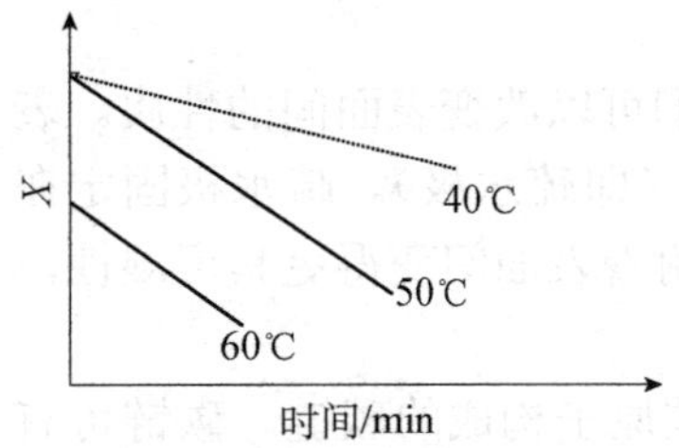

图 5.1 温度对杀菌的影响

细胞数。其杀菌作用为对数曲线。将存活微生物的对数值（X）与杀菌作用时间相对应作图，可得一直线（图 5.1）。直线的斜率越大，死亡率越高。升温可提高斜率，从而提高死亡率。此外，在温度一定的条件下，微生物的原始群体越小，达到要求数量水平的速度也越快。

温度的作用还受其他因素的影响。在水溶液中，100℃可杀死处于无性状态的微生物，但有性阶段的细菌可耐 120℃的高温。而在脱水基质中，要将温度提高到 180℃才能杀死微生物。

基质的 pH 也是影响温度作用的重要因素，微生物的抗热性在 pH 中性时最大，pH 降低，其抗热能力也降低。因此，用高温对葡萄酒和葡萄汁进行杀菌，要比对奶制品或水杀菌所需的温度低得多，因为奶制品和水接近 pH 中性。

添加杀菌剂有利于杀死微生物。

紫外线也具有杀菌作用，但其作用受到距离的限制，作用距离仅为数厘米，主要用于装瓶车间中某些环境的杀菌和瓶塞的杀菌。

机械分离作用是将微生物除去而不是杀死，主要用于流体，如对空气、水、葡萄酒的过滤就是其中一种方式。离心则可降低流体中微生物的数量，主要在其他杀菌处理，如巴氏灭菌后进行（李华和刘延琳，2000）。

5.2.1 评价消毒（灭菌）效能的主要指标

5.2.1.1 杀灭率

杀灭率是指消毒处理杀灭微生物的百分率，可按下式计算。

$$\text{杀灭率}=\frac{\text{原有微生物数量}-\text{处理后微生物数量}}{\text{原有微生物数量}}\times 100\%$$

与杀灭率性质和计算方法相似的指标有以下几种。

（1）清除率：是指清除掉的微生物的百分率。

（2）阻留率：是指过滤除菌法中微生物被阻留的百分率。

（3）衰亡率：是指微生物自然死亡的百分率。

（4）消亡率：是指空气中微生物沉降与死亡总和的百分率。

（5）灭除率：是指污染表面的微生物被杀灭与清除总和的百分率。

5.2.1.2 灭活指数

灭活指数是说明在灭菌处理下，微生物减少的程度。其计算方法是，根据实验结果，以处理后微生物存活个数去除原有微生物数，然后将结果化为 10 的乘方以表示之。例如，原有菌数为 10 000 000 个，处理后只留下 1 个菌，则灭活指数为 10^7，即每一个体在处理过程中有 10^{-7} 的存活概率。消毒方法的灭活指数是与其杀灭率相对应的。灭活指数为 10 时，杀灭率为 90%；灭活指数为 10^2 时，杀灭率为 99%；以此类推（表 5.1）。

表 5.1 灭活指数、原有微生物数量与灭菌概率的关系

灭活指数	杀灭率/%	原有各种微生物数量获得灭菌的概率				
		100	1 000	10 000	100 000	1 000 000
10^1	90	0.00	0.00	0.00	0.00	0.00
10^2	99	0.37	0.00	0.00	0.00	0.00
10^3	99.9	0.90	0.37	0.00	0.00	0.00
10^4	99.99	0.99	0.90	0.37	0.00	0.00
10^5	99.999	0.999	0.99	0.90	0.37	0.00
10^6	99.999 9	0.999 9	0.999	0.99	0.90	0.37
10^7	99.999 99	0.999 99	0.999 9	0.999	0.99	0.90

注：0.90 的灭菌概率=90%达到无菌生长；0.999 9 的灭菌概率=99.99%达到无菌生长
本表概率值是根据两项式定理计算所得的

一般灭菌处理的效果很难达到 100%，因此在灭菌方法的设计中，必须考虑灭菌失败的概率。这种概率可根据物品原污染的微生物数量与灭活指数来计算。例如，在一个总数为 10^9 个微生物的细胞群体中，用具有灭活指数为 10^7 能力的方法进行处理，则可能有 100（10^2）个细胞存活下来；如果处理一个 10^5 个微生物的群体，则全部杀死的概率也仅为 90%（表 5.1）。

5.2.1.3 灭菌度

灭菌度是指使用某种处理方法在灭菌中失败的机会。一般是用每处理多少个物品才可能出现一个未实现灭菌物品的数目来表示。

$$灭菌度=\frac{灭活指数}{每件物品平均染有微生物的数量}$$

例如，甲种物品的污染程度是每件 10 个菌，乙种物品是每件 10^5 个菌，使用灭菌方法的灭活指数为 10^7。这样，甲种物品的灭菌度为 $10^7/10=10^6$，即每处理 100 万件物品中才有可能发生一个物品未达到灭菌目的，此为可接受的标准。乙种物品灭菌度为 $10^7/10^5=10^2$，即每处理 100 件就可能有一件未达到灭菌要求的物品，失败的概率过大。

5.2.1.4 速度常数（*K* 值与 *D* 值）

消毒试验中，将微生物存活数与消毒作用时间相对应作图（图 5.2），往往可得一直线。此线的斜率即该消毒方法的速度常数（*K*），*K* 值可按下式计算。

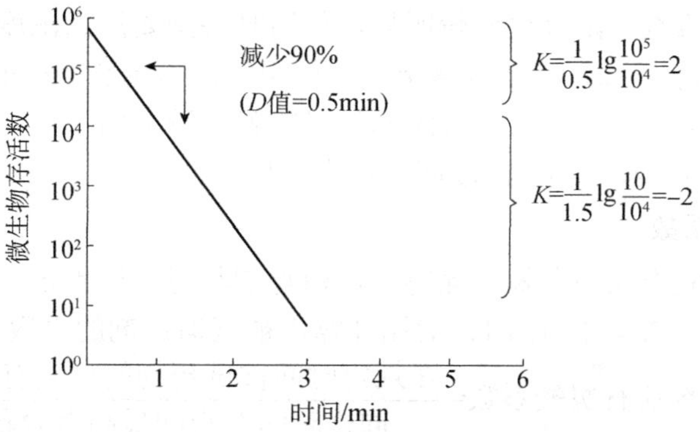

图 5.2 根据一假设灭菌曲线计算 *K* 值与 *D* 值

$$K=\frac{1}{T}\lg\frac{N_0}{N_T}$$

式中，T 为时间（min）；N_0 为微生物原有数；N_T 为在时间 T 时微生物存活数。

K 值用以指示杀灭微生物的速度，数值越大，杀灭速度越快。

此外，杀灭速度还可用 D 值表示。D 值是指每杀 90%微生物个体所需的时间（min）。当微生物死亡速度用对数值表达时，D 值为速度常数 K 值的倒数。D 值越大，杀灭微生物的速度越慢。

5.2.1.5 热死亡时间

在规定条件下，将用一定温度全部杀灭某种微生物所需的时间称为热死亡时间（min）。热死亡时间是通过试验观察直接得到的。微生物对热的耐受力越强，热死亡时间越长。热死亡时间是计算热力灭菌剂量的一个重要依据。

5.2.1.6 *Z* 值

热力灭菌时，缩短原作用时间的 90%，需要相应提高温度的度数（℃）称为 Z 值。例如，某微生物的 Z 值为 14，116℃时热死亡时间为 30min，当拟将热死亡时间缩短为 3min 时，则需将温度提高到（116+14）℃=130℃。干热处理时的 Z 值一般较湿热处理时的为高。

5.2.1.7 温度系数

温度系数（Q_{10}）是指消毒时，在一定条件下，温度每增加 10℃，杀灭微生物所需时间的变化。

$$\text{温度系数}（Q_{10}）=\frac{X℃\text{时所需消毒时间}}{(X+10)℃\text{时所需消毒时间}}$$

温度系数随杀菌方法或药物种类与菌种而异，系数越大，温度效应越明显。湿热的温度系数高，干热的低；甲醛的温度系数高，石炭酸的温度系数低。温度系数的应用只限于实验温度范围之内，超出实验范围即不准确。

5.2.1.8 浓度系数

消毒剂浓度对其杀菌速度的影响可用浓度系数（n）表达。

$$\text{浓度系数}（n）=\frac{\lg T_2-\lg T_1}{\lg C_1-\lg C_2}$$

式中，药物浓度为 C_1 时，杀菌时间为 T_1；药物浓度为 C_2 时，杀菌时间为 T_2。

浓度系数大的消毒剂，浓度效应较明显，使用时特别要注意浓度的准确性。例如，石炭酸的浓度系数一般为 4～6，将浓度减半时，作用时间需延长 16～64 倍（2^4～2^6）。系数小的消毒剂，浓度效应较差，相对来说时间的影响就比较突出。例如，环氧乙烷的浓度系数为 1，如将作用时间缩短一半，浓度即要加大 1 倍。

5.2.1.9 石炭酸系数

使用标准化的试验方法与菌株，测得被试消毒剂与对照消毒剂（石炭酸）杀菌能力的差别，以对照消毒剂的杀菌能力为 1，对比计算出被试消毒剂的系数。

$$\text{被试消毒剂的石炭酸系数}=\frac{\text{在规定时间被试药物的最高有效稀释度}}{\text{同样时间石炭酸最高有效稀释度}}$$

石炭酸系数越大，杀灭微生物的能力越强。本系数一般多用于酚类药物的比较（李华和刘延琳，2000）。

5.2.2 微生物的生长曲线

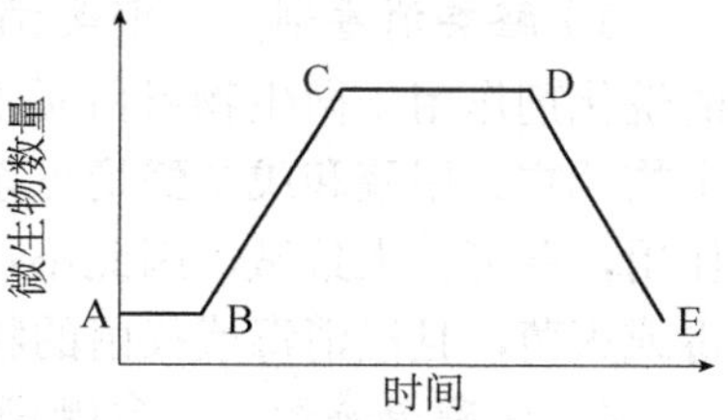

图 5.3 微生物生长曲线示意图

微生物依靠出芽或分裂繁殖。在同一基质中，这一繁殖可表示为如图 5.3 所示的生长曲线，而且所有微生物的生长曲线基本相似。

根据生长曲线，可以将微生物的繁殖分为以下几个阶段。

AB：潜伏阶段，在这一阶段中，微生物数量基本保持不变，它需要适应基质，并合成其繁殖必需的化学成分。

BC：繁殖阶段，微生物迅速繁殖，其群体数量倍增的时间和生长率都达到最大，而且稳定。

CD：稳定阶段，在这一阶段中，微生物群体数量达到最大，并保持不变，生长率为零，因此，其新生细胞数与死亡细胞数保持平衡。这是基质中营养物质的消耗和产生的毒素造成的。

DE：衰减阶段，在这一阶段中，微生物群体数量下降，繁殖停止，活细胞死亡。其衰减的速度取决于微生物的种类和环境条件。

在消毒过程中，必须考虑微生物的这一生长曲线，以避免其生长。所以，应尽早并经常消毒。实际上，微生物生长得越多，用于消毒和清洗的制剂、设备的费用就越高。

5.2.3 消毒剂种类及作用方式

用于消毒的药物称为消毒剂。消毒剂不一定要求能杀灭所有的微生物。例如，石炭酸、新洁尔灭等能杀灭细菌繁殖体，但不能杀灭芽孢。用于灭菌的药物称为灭菌剂。灭菌剂必须具有能杀灭一切类型微生物的能力。由于细菌芽孢的抵抗力最强，因此一般都以能否杀灭芽孢作为灭菌剂的标准。当然，灭菌剂也可作为消毒剂来使用。

常用的消毒剂产品以成分分类主要有含氯消毒剂、过氧化物类消毒剂、醛类消毒剂、醇类消毒剂（如乙醇）、含碘消毒剂、酚类消毒剂、环氧乙烷、双胍类消毒剂和季铵盐类消毒剂 9 种（国家卫生健康委员会办公厅，2020）。以下介绍其中的几种。

1）含氯消毒剂　　含氯消毒剂是指溶于水，产生具有杀微生物活性的次氯酸的消毒剂，其杀微生物有效成分常以有效氯表示。次氯酸的分子质量小，易扩散到细菌表面并穿透细胞膜进入菌体内，使菌体蛋白氧化导致细菌死亡。含氯消毒剂可杀灭各种微生物，包括细菌繁殖体、病毒、真菌、结核杆菌和抗力最强的细菌芽孢。这类消毒剂包括无机氯化合物［如次氯酸钠、次氯酸钙、次氯酸锂、三次氯酸钙合二氢氧化钙（三合二）、漂白粉、二氧化氯］、有机氯化合物（氯铵 T、氯铵 B、氯铵 C 等）。无机氯性质不稳定，易受光、热和潮湿的影响，从而丧失其有效成分；有机氯则相对稳定，但是溶于水之后均不稳定。

2）过氧化物类消毒剂　　过氧化物类消毒剂具有强氧化能力，各种微生物对其十分敏感，可将所有微生物杀灭。这类消毒剂包括过氧化氢、过氧乙酸、二氧化氯和臭氧等。它们的优点是消毒后在物品上不留残余毒性。

3）醛类消毒剂　醛类消毒剂包括甲醛和戊二醛等。此类消毒剂的原理为一种活泼的烷化剂作用于微生物蛋白质中的氨基、羧基、羟基和巯基，从而破坏蛋白质分子，使微生物死亡。甲醛和戊二醛均可杀灭各种微生物，由于它们对人体皮肤、黏膜有刺激和固化作用，并可使人致敏，因此不可用于空气、食具等消毒，一般仅用于医院中医疗器械的消毒或灭菌，且经消毒或灭菌的物品必须用灭菌水将残留的消毒液冲洗干净后才可使用。

4）含碘消毒剂　含碘消毒剂包括碘酊和碘伏，可杀灭细菌繁殖体、真菌和部分病毒，可用于皮肤、黏膜消毒，医院常用于外科洗手消毒。

5）酚类消毒剂　酚类消毒剂包括苯酚、甲酚、卤代苯酚及酚的衍生物，常用的煤酚皂又名来苏尔，其主要成分为甲基苯酚。卤化苯酚可增强苯酚的杀菌作用，如三氯羟基二苯醚作为防腐剂已被广泛用于临床消毒、防腐。

6）环氧乙烷　环氧乙烷又名氧化乙烯，属于高效消毒剂，可杀灭所有的微生物。由于它的穿透力强，常将其用于皮革、塑料、医疗器械、医疗用品包装后的消毒或灭菌，而且对大多数物品无损害，可用于精密仪器、贵重物品的消毒，尤其对纸张的色彩无影响，因此常将其用于书籍、文字档案材料的消毒。

7）双胍类和季铵盐类消毒剂　双胍类和季铵盐类消毒剂属于阳离子表面活性剂，具有杀菌和去污作用，医院里一般用于非关键物品的清洁消毒，也可用于手消毒，将其溶于乙醇作为皮肤消毒剂可增强其杀菌效果。由于这类化合物可改变细菌细胞膜的通透性，常将它们与其他消毒剂复配以提高其杀菌效果和杀菌速度。

5.3　洗涤剂和消毒剂的使用

5.3.1　洗涤剂和消毒剂的特性

要合理使用并获得良好的使用效果，洗涤剂和消毒剂必须具备下列特性（表5.2）。

（1）适合葡萄与葡萄酒的有关标准。

（2）具有良好的去污作用。

（3）不引起异臭异味。

（4）对操作人员无毒（如果对操作人员有毒，则应采取必要的保护措施）。

（5）无腐蚀性。

（6）便于冲洗去除。

（7）具有多效性。

（8）可被生物降解。

但上述质量要求之间有的相互矛盾，故不存在最理想的产品。因此，在实践中，应根据下列情况进行选择：①带有污物的表面种类；②需去除的污物种类；③可利用水的

表5.2　洗涤剂和消毒剂应具备的特性
（李华和刘延琳，2000）

特性	洗涤剂	消毒剂
有效性（酌情）	√	√
湿润和穿透能力	√	√
螯合能力	√	√
溶解能力	√	
乳化性	√	
胶溶性、反絮凝性和分散能力	√	
起泡能力（酌情）	√	√
多效性		√
无适应现象	√	
使用范围广	√	√
在有污垢时仍有效	√	√
不引起异臭异味	√	√
对操作人员无毒	√	√
便于冲洗去除	√	√
生物降解	√	√
经济	√	√

注：“√”表示需具备的特性。所有产品必须符合有关标准

特性；④洗涤剂及消毒剂的特性；⑤洗涤剂和消毒剂之间的兼容性；⑥腐蚀的可能性；⑦需进行的工作；⑧与表面的配合度；⑨所需要的有效性；⑩操作方式。

洗涤剂和消毒剂不能破坏被处理设施的表面。与葡萄汁和酒相接触材料的选择则应主要考虑其与汁和酒的配合度，但同时应考虑便于清洗和保养。

5.3.2 洗涤剂与杀菌剂间的配伍禁忌

在洗涤剂之间、杀菌剂之间及洗涤剂与杀菌剂之间存在一些配伍禁忌，因为这些药品混合后可能出现中和、沉淀或降低其使用效能。

表 5.3 列出了常见的配伍禁忌，其他可能出现的配伍禁忌一般都出现在药品的使用说明书上。

表 5.3 洗涤剂及杀菌剂的配伍禁忌（李华和刘延琳，2000）

药品	禁配药品	原因
碱	酸	中和
	含碘药品	失去作用
	双氧水	失去作用
	非离子表面活性剂	盐析
酸	碱	中和
	氯和氯化物	使之失去杀菌能力
	表面活性剂	可被硝酸氧化
	阴性表面活性剂	与磷酸不配
螯合剂	无	
阴性表面活性剂	阳性表面活性剂	形成中性盐而失活
	磷酸	失去表面活性作用
阳性表面活性剂	阴性表面活性剂	形成中性盐而失活
非离子表面活性剂	高温	沉淀
	碱	盐析
两性电解质表面活性剂	酸 碱	需较小的活性 pH 范围，酸、碱都可能改变这一范围
高温	非离子表面活性剂	沉淀
	含碘药品	于 40℃时分解
	氯化物	分解
双氧水	甲醛	降低其杀菌能力
氯化物	酸	失去杀菌能力
	高温	高温下不稳定
	甲醛	降低杀菌能力
碘化物	碱	失活
	高温	分解
	甲醛	降低杀菌能力
甲醛	双氧水 氯化物 碘化物	由氧化而引起杀菌能力的降低

此外，一些商业性产品常常包括数种可配合的化学成分，以提高其清洗和杀菌效果。

当设施表面的污物不是很多时，特别是没有酒石时，在预冲洗后，可以配制一清洗-杀菌溶液，使清洗、杀菌同时进行，以降低费用。最常用的配方如下。

（1）含氯碱+含氯碱（最为常用）；

（2）氧化性碱；

（3）碱+季铵；

（4）含碘酸+含碘酸；

（5）氧化性酸+过氧化物；

（6）酸+阳离子。

5.3.3 洗涤剂和消毒剂的选择

5.3.3.1 根据表面进行选择

由于设施的材料及其表面特性的差异，所使用的洗涤剂和消毒剂也不相同（表 5.4）。

表 5.4 根据材料类型选择洗涤剂及消毒剂（李华和刘延琳，2000）

与葡萄汁和葡萄酒接触的材料	可用的去污及消毒剂	避免使用的去污及消毒剂
不锈钢：基本上是不受化学物质腐蚀的最佳材料	强碱 四价铵 含氯化合物的碱性液 磷酸 硝酸	含氯化合物的酸性液（活性氯的含量不能超过 300mg/L，在 20℃时 20min） 盐酸 磨料
具环氧树脂或酚醛树脂涂层的普通钢：虽然对机械操作敏感，仍可选择	碱 含氯碱 四价铵 酸	磨料 高压 酒精 需高温使用的物品（对环氧树脂而言） 强碱（对于某些树脂而言）
混凝土发酵池（具其他保护层）	碱和强碱 含氯碱	酸 四价铵（难冲洗掉） 高压
环氧树脂发酵池	与具环氧树脂或酚醛树脂涂层的普通钢相同	
玻璃贴层发酵池	碱和强碱 含氯碱	酸及高温 高压
塑料：在使用时应很小心，非常容易被机械损伤，从而不便于清洗和消毒	碱和强碱 含氯碱 无机酸 四价铵	酒精 需高温使用的药品 碘化物 磨料
橡木：由于表面多孔，吸水性强，应加强冲洗	SO_2 碱 高锰酸盐酸性液	强酸 四价铵（难以冲洗） 氯化物
橡胶：易变为多孔，很难消毒，故最好不用	碱（低温使用） 氯化物 弱酸	碘化物 四价铵
铜、黄铜、青铜：可使与其接触的金属产生针状腐蚀，应避免使用	碱	卤素和次氯酸钠
铁、镀锌铁：在酸性条件下被强烈腐蚀，应避免使用	表面活性剂	氧化剂 酸

5.3.3.2 根据污垢性质进行选择

如表 5.5 所示。

表 5.5 污垢性质与清洗及消毒技术（李华和刘延琳，2000）

污垢的种类	应用的清洗消毒剂及技术
源于葡萄汁或酒	
1. 有机污垢：酒泥、色素、微生物、糖沉淀	氧化剂 表面活性剂
2. 复合物：有机矿物沉淀（如酒石），有利于有机污垢的附着和微生物的生长	含氯碱 强碱
非葡萄（酒）物质	
1. 润滑及密封油	碱
2. 矿物质（土、碳酸钙）	表面活性剂 强碱（视设施材料而定） 碱 酸
3. 金属氧化物（铁、铜）	酸
4. 标签、胶水等残留物	碱+表面活性剂
5. 尘埃	空气过滤
6. 清洗及消毒剂残留物	饮用水

5.3.3.3 根据微生物种类进行选择

如表 5.6 所示。

表 5.6 微生物种类与杀菌剂的选择（李华和刘延琳，2000）

药品种类	乳酸菌 革兰氏阳性	醋酸菌 革兰氏阴性	产孢细菌 [a]	酵母	霉菌
氧化物	++	++	+	++	+
双氧水	++	++	+	+	+
四价铵化合物	++	+	−	++	+
含碘铵化合物	++	++	+	++	++
甲醛	+	+	+	+	+

注：“++”表示快速作用；“+”表示有效；“−”表示无效

a. 主要存在于水中

此外，合理地选择洗涤剂、消毒剂，必须考虑清洗、消毒的操作方式。

对于手工清洗，选择的药品应具备下列特征：①对操作人员无害；②可低浓度使用；③在低温下有效。

而自动清洗则允许选择有害但对设施无腐蚀性、高温使用、高浓度的药品，而且可延长清洗时间。

循环清洗时，所选用的药品应不产生泡沫。

最后，在选用洗涤剂、消毒剂时，还应考虑接触时间、温度及可能出现的难以冲洗除掉等因素。

5.4 清洗、消毒的方法

清洗和消毒的效果不仅取决于合理选择药品，而且取决于使用方法和设备。

清洗和消毒的方法包括浸泡、循环、喷洒、刷洗、喷雾和熏蒸。在浸泡的同时进行搅拌，可加强其效果（表 5.7）。

表 5.7 消毒方法（李华和刘延琳，2000）

原理	工作方式	适用设备	溶液量	浓度	温度	时间	机械作用
静止溶液	浸泡	小型设备	少	中	低	长	无
运动溶液	填充	封闭循环系统	多	中	低	长	小
运动溶液	高压	封闭容器	中	低	高	短	强
循环泵	自由回路循环	封闭罐	中	低	中	中	中
		开放罐	中	低	中	中	中
		封闭循环	多	中	高	中	中
自动定量泵	循环低压喷洒	开放表面	少	浓	低	长	小
		封闭罐	少	浓	低	高	中
直接作用	喷雾	开放表面	少	浓	低	长	小
	熏蒸	封闭车间	少	中	低	长	无

此外，使用方法还取决于所拥有的设备。

1）*浸泡*　浸泡（根据需要可同时进行搅拌）很适合一些可卸下的或活动的小型设备，如在灌装线上所用的小型设备等。

喷淋浸泡常用于洗瓶机对酒瓶的清洗。

2）*循环*　循环适用于封闭式循环系统、管道、管道接头和阀门系统。去污或消毒剂液体或冲洗水的湍流度直接与泵的功率和管道的直径有关，湍流度越大，效果越好，管道的直径越大，泵的功率也应越大。

为了将死角中的污垢除去，循环的流向应与正常使用的流向相反。

3）*喷洒*　喷洒适用于对发酵罐（池）的内、外表面，各种设备的外表面，墙壁，地面等大面积的清洗消毒。

采用喷洒时最重要的方面是药剂与被处理表面的接触时间。

一些新方法可喷洒高密度的泡沫，从而明显提高接触时间（最佳的可达 10min）。在这种情况下所使用的药剂应含有洗涤剂、消毒剂和泡沫稳定剂。洗涤后应检查。

喷洒用设备有三大类：①低压喷头，其压力不超过 5×10^5Pa，适于除去附着力弱和易被湿润的污垢；②中压喷头；③高压喷头，其主要优点是压力大，可除去附着力强的污垢。这类设备可喷洒冷、热溶液及水蒸气。

4）*刷洗*　刷洗可与喷洒、浸泡等相结合，可以是机械刷洗或手工刷洗。手工刷洗可根据脏的程度及污垢的附着力和被处理的表面进行，但应考虑对操作人员的劳动保护。

5）*喷雾和熏蒸*　喷雾和熏蒸主要用于对库房、车间等开放式（喷雾）或封闭式（熏蒸）消毒（表 5.7）。

5.5 就 地 清 洗

就地清洗（cleaning in place，CIP）是指不分解生产设备或不移动装置，采用高温、高浓度的清洗液，对食品与设备、装置的接触面进行强力作用，达到清洗、消毒的目的，以符合严格的卫生级别要求。CIP 系统主要包括碱清洗液罐、消毒液配比泵、水过滤器、预过滤器、终端过滤器、回收槽、蒸汽发生器和众多的电子阀门，同时需要整套 CIP 系统外接两个液体管道（冷纯净水和热纯净水）和两个气体管道（压缩空气和压缩氮气）。此外，CIP 系统需要加装流量计、温度传感器、压力传感器和碱液浓度计以随时掌控 CIP 系统工作的情况和数据。CIP 系统的整体操作由一台微型计算机和相关可编程逻辑控制器（programmable logic controller，PLC）系统控制，该计算机采用可触摸点控式屏幕，用于直接操作执行和改变参数设置，通过 PLC 的运行来实现 CIP 系统的准确、精确控制。

就地清洗的优势主要表现在以下方面。

（1）可根据葡萄酒品种的不同（如红葡萄酒和白葡萄酒）制订相应的清洗模式和方法，使生产计划合理化。

（2）与人工清洗相比较，增加了清洗过程的科学性和数据性，清洗效果准确、一致，提高了生产质量。

（3）节省了人力成本，减少人工操作的错误率，降低清洗液和消毒液对操作人员的危害性，保证了安全生产。

（4）通过对 PLC 的程序设定，实现循环冲洗，以达到循环利用清洗液、节约生产成本的目的。

（5）在保证冲洗效果的前提下，通过电脑中 CIP 系统冲洗参数的调整，从时间、浓度、压力等方面对清洗环节进行优化，以节约清洗液、消毒液、蒸汽、水等的生产成本。

（6）实现了灌装清洗环节的自动化、合理化，延长了灌装设备的使用寿命（冯刚等，2016）。

就地清洗技术主要适用于大型企业。

5.6 清洗和杀菌效果检验

在葡萄酒工业中，包括实验室和酒厂，要有效地清除微生物源，必须首先了解洗涤剂与杀菌剂本身的效能。

5.6.1 洗涤剂与杀菌剂效能的测定

5.6.1.1 洗涤剂效能的测定

可用间接测定和直接测定评价洗涤剂的效能。

1）间接测定　该方法是建立在洗涤剂的某一可测特性与其效能间存在着一定关系的基础上的。例如，可测定洗涤剂溶液与附着体的接触夹角、表面张力、湿润能力、乳化能力等。

2）直接测定　可通过测定清洗后污物残留量的方法来测定洗涤剂的效能。

5.6.1.2　杀菌剂效能的测定

有效的杀菌剂应能将设备上全部的微生物杀死，特别是酵母、细菌和霉菌。可用两种方法测定杀菌剂的效能。

（1）在单位时间内杀死已知细菌细胞数量所必需的杀菌剂浓度。

（2）测定单位时间内已知浓度溶液中被杀死的细菌细胞总数。

5.6.2　清洗的检验

各种表面的状况和清洁情况可用下列方式检验。

（1）直观检验：必须对任何与葡萄酒接触的表面进行仔细的检验；对于葡萄酒容器内表面的酒石、阀门上的霉菌等，必须彻底清除。

（2）微生物检验：表面的粗糙度与其上附着的微生物数量呈正相关。因此，表面越光滑，清洗效果越好。对清洗效果的微生物检验技术与对杀菌效果的检验相同。

5.6.3　杀菌效果的检验

杀菌效果的检验，主要是在葡萄酒酿造的各个阶段，对设备、葡萄汁和葡萄酒进行微生物检验。同时，也可分析水的微生物种类和数量。表5.8列出了葡萄酒发酵结束后各工艺阶段葡萄酒中微生物群体的正常范围。

表5.8　各工艺阶段葡萄酒中微生物数量
（李华和刘延琳，2000）

工艺阶段	微生物数量/（CFU/mL）
刚酿造出的生酒	10^5
贮藏阶段	$1\sim10^3$
离心后	10^3
巴氏杀菌后	$0.1\sim10^3$
硅藻土过滤后	$10\sim10^3$
澄清板过滤后	$10\sim10^3$
除菌装瓶后	<1
无菌装瓶后	<5

微生物检验的原理是将微生物接种在经杀菌后的固体培养基上，使之在培养基上繁殖生长，形成肉眼可见的菌落。也可用液体培养基进行微生物检验。但在这种情况下，微生物的繁殖是通过培养基的变浊来检验的。

对于葡萄汁、葡萄酒和经杀菌处理的表面的微生物检验主要包括酵母、霉菌、醋酸菌和乳酸菌。

（1）酵母：由于酵母存在于葡萄酒酿造的各个阶段，因此很难将它们从与葡萄酒接触的表面除去。所以，只能保证良好的卫生状态，以尽量降低它们在设备上、墙壁上、空气中、葡萄酒容器上的群体数量，防止因接触而提高葡萄酒中酵母的群体数量。

（2）霉菌：与酵母一样，霉菌存在于葡萄浆果的果皮表面，而且原料的卫生状况越差，霉菌的种类和数量越多。由于霉菌具有腐生性，同时可引起异味，因此所有的霉菌都是有害微生物。

（3）醋酸菌：醋酸菌大量地存在于自然界中，在成熟葡萄上，特别是在霉烂的葡萄上大量存在。即使对葡萄汁进行SO_2处理，在酒精发酵过程中，仍有相当量的醋酸菌。它们可以在所有被污染的葡萄酒与空气接触的表面生长、繁殖。因此，所有容器的清洁状况，特别是木桶的清洁状况，应是重点检验对象。

（4）乳酸菌：乳酸菌也大量存在于葡萄酒设备、容器、地面等。附着在葡萄酒容器表面的酒石也含有乳酸菌。

在灌装过程中，对装瓶车间经常检验是必需的（表 5.9）。如果发现装瓶后的葡萄酒具有严重的微生物感染，则应在 8h 内对各个岗位（处理后的葡萄酒、过滤、管道、缓冲容器、灌装机、压塞机等）每小时检验一次，以找出侵染源。

表 5.9 灌装车间微生物检验的频率（李华和刘延琳，2000）

检验类型		频率
无菌酒瓶		每次购进后抽样检验
清洗后的酒瓶		每天上午和下午各检验一次
无菌木塞		每次购进后抽样检验
洗瓶机和清洗液		根据对洗后酒瓶的检验结果而定
传统灌装	A．干酒	对酒和灌装线每周检验一次
	B．含糖量>5g/L 的酒	对酒和灌装线每天检验一次
除菌和无菌灌装		每次灌装前都应对酒和灌装线进行检验
特殊检验		对灌装车间的空气和表面进行检验以确定清洗和消毒方法

5.7 卫 生 计 划

企业必须有卫生计划。在制订清洗和消毒计划时，应在设备、厂房（灌装车间应有更严格的计划）和葡萄酒转运车辆一级制定适当的卫生程序（表 5.10）。厂房的卫生标准必须与设备的卫生标准相同，在装瓶车间则更为严格。

表 5.10 卫生计划示例

设备	操作	频率	制剂	剂量与制备	使用方法	接触时间	测试或冲洗程序
采收设备	清洗、消毒或脱（红）色	至少每天一次	氯化碱	5%（冷水）	喷雾或泡沫	15～20min	直到泡沫消失，冲洗试验为阴性
			过氧乙酸	0.2%～0.5%（冷水）			
各类酒罐（水泥池）	除酒石	使用后人工除酒石	碱液	根据酒石厚度选用 5%～20%（冷水）	封闭循环	根据酒石厚度选用 10～20min	直至冲洗试验为阴性
	消毒	每次排空后	氯化碱	1%～5%（冷水）	封闭循环	10～20min	
			过氧乙酸	0.2%～0.5%（冷水）	封闭循环	10～20min	
各类橡木桶	除酒石	在使用前人工除酒石	碱粉	根据酒石厚度选用 10～100g/L（冷水）	封闭循环	10～20min	在每次熏硫或用 SO_2 水（0.5g/L）冲洗后立即大量冲洗
	消毒	在装酒前的最后一刻	氧化消毒剂：高锰酸钾或蒸气	2g/L（冷水）	封闭循环	20min	
管道和泵	消毒	使用前后	氯化碱	1%～5%（冷水）	封闭循环	10～20min	直至冲洗试验为阴性
			过氧乙酸	0.2%～0.5%（冷水）	封闭循环	10～20min	

续表

设备	操作	频率	制剂	剂量与制备	使用方法	接触时间	测试或冲洗程序
地板、墙壁、天花板	清洗	地板：工作期间每天一次（墙面每年一次）	氯化碱	5%（冷水）	喷雾或泡沫	15～20min	直至冲洗试验为阴性
			过氧化剂	两种产品的混合物：在稀释碱水（5%）中加入5%的过氧化氢	喷雾或泡沫	15～20min	

卫生程序，即适用于每台设备或岗位的操作模式或程序，应记录在载有下列资料的文件内：①有关设备；②操作；③频率；④所用制剂；⑤剂量；⑥制剂的制备；⑦制剂的使用方法；⑧接触时间；⑨冲洗试验；⑩效果检验；⑪确保设备和机械，特别是用于装瓶的设备和机械，在装入葡萄酒之前已正确排空。

5.8 害虫控制

将纸箱、塞子等干材料与生产区域隔离开，以防止吸引昆虫或害虫。最好使用物理方法，如紫外线灯捕虫器。与有资质的消毒、灭鼠、除虫（disinfection，deratization，deinsectization，3D）公司合作，并使用相应的产品。

维护周边环境，减少啮齿动物和昆虫的出现。

害虫控制计划应包括记录所采取的措施及其执行效果。

禁止在产区内饲养家畜和宠物。

本章小结

卫生是物理、微生物和化学三种清洁的总和。清洗和消毒是实现葡萄酒卫生的基本手段。在卫生工作中要掌握“适度原则”，以防清洁度不够而带来的质量问题，或清洁过度而带来的时间和资金的损失及对生产的不利影响。

清洗是指去除物体表面受到物理、化学和微生物作用而形成的污染层或覆盖层（污垢）而使其恢复原表面状况的过程。同时它又是消毒、灭菌前的重要准备工作。清洗过程可分为湿润、污垢与其附着表面的分离、污垢分散在清洗液中、分散污垢的稳定和冲洗排除污垢5个阶段。清洗依靠化学物质和机械作用完成。洗涤剂是有利于污垢与其附着表面分离的化学物质，其种类主要有碱性洗涤剂、酸性洗涤剂、螯合剂、表面活性剂、氧化剂和酶制剂六大类。清洗结合了可除去表面污垢的化学方法和物理方法，清洗后必须用水冲干净。

消毒，即去除或杀死微生物，目的是大量降低病害微生物或影响质量的微生物的群体数量。灭菌是杀死所有的微生物。消毒一般针对设备而言，灭菌既可针对设备，也可针对产品。评价消毒（灭菌）效能的主要指标有杀灭率、灭活指数、灭菌度、速度常数、热死亡时间、Z值、温度系数、浓度系数等。常用的消毒剂产品以成分分类主要有含氯消毒剂、过氧化物类消毒剂、醛类消毒剂、醇类消毒剂、含碘消毒剂、酚类消毒剂、环氧乙烷、双胍类消毒剂和季铵盐类消毒剂9种。

洗涤剂与杀菌剂往往配合使用。使用时应注意有关的配伍禁忌，以免混合后可能出现中和、沉淀或降低其使用效能。可根据表面种类、污垢性质、微生物的种类、清洗和消毒的方法等进行洗涤剂、消毒剂的选择。清洗、消毒的方法有浸泡、循环、喷洒、刷洗、喷雾和熏蒸。

就地清洗可以有效、经济地完成各类容器、设备及装瓶线的全部清洗、消毒工艺，主要适用于大型企业。

各种表面的状况和清洁情况检验可用直观检验和微生物检验进行检测。杀菌效果的检验，主要是在葡萄酒酿造的各个阶段，对设备、葡萄汁和葡萄酒进行微生物检验。同时，也可分析水的微生物种类和数量。

在制订清洗和消毒计划时，应在设备、厂房（灌装车间应有更严格的计划）和葡萄酒转运车辆一级制定适当的卫生程序。厂房的卫生标准必须与设备的卫生标准相同，在装瓶车间则更为严格。

葡萄酒企业应做好害虫控制。在产区内禁止饲养家畜和宠物。

主要参考文献

冯刚，杜福林，李博，等，2016. CIP系统在葡萄酒灌装生产中的应用. 天津农业科学，22（1）：87-89

国家卫生健康委员会办公厅，2020. 消毒剂使用指南. 中国感染控制杂志，19（2）：196-198

李华，刘延琳，2000. 葡萄酒卫生学. 西安：西安地图出版社

李华，王华，2017. 葡萄酒酿造与质量控制手册. 咸阳：西北农林科技大学出版社

刘延琳，李华，Guex E，2002. 葡萄酒厂的清洗和消毒. 中外葡萄与葡萄酒，2：57-59

禹英奎，2020. 发酵罐清洗工艺原理及优化. 当代化工研究，20：136-137

6 厂房及设施卫生

葡萄酒卫生是保障葡萄酒质量和安全的最高策略，必须首先从葡萄酒厂的选址及产区环境开始考虑。

在选址时，注意厂区应远离对食品有显著污染，或对食品安全和食品宜食用性存在明显的不利影响，且无法通过采取措施加以改善的区域；避免选择有害废弃物及粉尘、有害气体、放射性物质和其他扩散性污染源不能有效清除的地址；不宜选择易发生洪涝灾害和周围有虫害大量滋生的潜在场所的地区，难以避开时应设计必要的防范措施。

厂区环境应考虑其给葡萄酒生产带来的潜在污染风险，并采取适当的措施将其降至最低水平。厂区应合理布局，各功能区域划分明显，并有适当的分离或分隔措施，防止交叉污染。厂区内的道路应铺设混凝土、沥青或者其他硬质材料；空地应采取必要的措施，如以铺设水泥、地砖或草坪等方式，保持环境清洁，防止正常天气下扬尘和积水等现象的发生。厂区绿化应与生产车间保持适当距离，植被应定期维护，以防止虫害的滋生。厂区应有适当的排水系统。宿舍、食堂、职工娱乐设施等生活区应与生产区保持适当距离或分隔（GB 14881—2013《食品安全国家标准　食品生产通用卫生规范》）。

6.1 厂房及设施设计安装应避免的问题

从卫生的角度，为了便于清洗和消毒，在葡萄酒厂设计时，应遵守一些重要的原则（李华和刘延琳，2000）：①避免工作过程中的远距离走动；②提供足够的水源及压力以确保清洗方便有效；③避免难以清洗的死角；④设计尽可能简单以利于清洗和消毒；⑤将来使用更多机械设备的可能性；⑥扩建及分阶段建设的可能性。

在具体实施时，首先应尽量避免使用支撑设备的固定平台，因为它们使清洗变得更为困难，即使是不锈钢平台，由于可能与其他的金属材料相接触，从而引起锈蚀。

由设备的重力引起的平台变形，会形成小水坑，也会造成霉菌的滋生。

这类设施的固定性使得其中的某些部分清洗时不容易接近，因而较难获得良好的卫生状况。

如果必须安装固定平台，则应使用可拆卸的不锈钢格子板，以便于清洗。

安装在坑里的设备易被腐蚀。

喷淋用水应用集水管收集并通过再循环后排出，或直接通过排水管排出，以避免环境中的湿度过高，引起墙壁或地面生霉。

在安装设备时，必须考虑与其功能相适应的必需的各种流体和附件，包括：①处理用剂的进出管道；②辅助流体，如热水、冷却介质、压缩空气；③电源（控制台、线路等）。

所有上述流体线路的悬空可以减小占地面积，有利于清洗，但也有不便于接近、难以排放等缺陷。

葡萄酒厂复杂的管道网很不方便，由多个入口、出口等构成的主管道可导致产品的损耗。而一些低点、死角等又不便于冲洗。

简单而方便的管网是最好的选择：只需几个由一个入口、一个出口和适宜的坡度构成的主管道就可解决问题。

而自动化管网虽然非常好，但造价昂贵。它必须包括不锈钢自动阀、厚玻璃的观测口、与所有容器相连的坚实的连接系统等。

葡萄酒厂的厂房和车间、设计和布局、建筑内部结构和材料等应符合 GB 14881—2013《食品安全国家标准 食品生产通用卫生规范》的规定。

6.2 葡萄酒厂的设计

车间的设计应便于工作，确保操作人员的安全，并能很好地保存干燥的材料，特别是那些能够吸收某些恶臭或有毒分子的材料，如膨润土、木塞、滤板、纸箱等。因此，合理的设计应综合考虑人体工程学和流程管理，以有利于卫生操作。

对于现有的房间，可以进行有利于卫生操作的改进。应将车间划分为不同的区域，确定在定期检查期间的控制点，以检验良好操作的合理性。该原则同样可用于不同的容器，如将装不同内容物的容器通过特定的颜色、性状或标识区分开。

现行国家标准 GB 12696—2016《食品安全国家标准　发酵酒及其配制酒生产卫生规范》对葡萄酒厂房的设计做了以下规定。

（1）根据生产工艺需要，葡萄酒生产区应划分为葡萄原料加工区、发酵区、贮存陈酿区、原酒后加工区、灌装区等，各区域应布局合理。

（2）葡萄酒的酒窖应保持卫生，墙面和天花板的材料应具有防潮功能。酒窖应具有一定的通风功能，根据生产需要可以进行温度和湿度的控制。

（3）葡萄酒原酒生产企业应根据生产工艺的需要合理设计厂房。

所以，葡萄酒厂的设计必须考虑下列因素：①卫生要求；②车间的技术特征和需求；③尽可能保证设备的最佳使用。

6.2.1 地面

对地面的处理必须考虑其用途：①工业用的地面，包括生产车间、处理车间、包装车间等，必须防滑、便于清洗（必要时便于消毒）、有适当的坡度。②使用频繁的地面（如重型搬运设备的通道等），必须有足够的抗压及抗剪强度，避免路面负荷较大时造成表面裂缝及变形，而不便清洗。

地面的排放设施也非常重要：①所有的槽沟应尽量封闭，不能过深，具圆形剖面和足够的坡度，以便于清洗。②废水和雨水的排放孔应少而浅，便于清洗。而连接通道及与废水站相连接的通道的直径应足够大（ ϕ为 120～200mm），并有足够的坡度，同时应能去除部分固体杂质，以免堵塞。③排放孔应避免安置栅栏门，它们可使异味放出，同时易使排放系统堵塞，因为过密的栅栏很易堵塞，且易脏。④在车间内所有沟槽的栅栏，应根据负荷和便于操作、便于清洗进行选择（铸铁、不锈钢、塑料等）。⑤应尽量减少使用地下容器，因为它们只用于葡萄酒或其他原辅料发生泄漏时便于回收。对于葡萄接收部分，应在来料和接收容器之间建立一定的高度，使来料进口高于地面，以避免形成接收坑。接收坑难以冲洗，同时需要较深的排放系统。

为了便于水的排放，地面和槽沟应有一定的坡度。

6.2.2 墙壁

墙面应维护良好，易于清洗和消毒，并且能抑制霉菌的滋生。为此，必须使用防水、不吸收、可清洗和无毒的材料，以及光滑的表面，直到适当的高度。可使用防霉涂料或瓷砖贴面。

6.2.3 天花板

天花板、假天花板（或没有天花板的屋顶内表面）和其他悬挂设备应能防止污垢产生、异物泄漏、霉菌滋生，减少冷凝。灌装车间的天花板特别重要，它应较低，但不能妨碍对设备的保养及清洗。

6.2.4 供水系统

酒厂中必须具有足够数量的水头限制点及压力水（至少 4×10^5Pa），所需用水各处应备有固定管道及水枪。应避免将管道散放于地面，以免受压破损、妨碍通行，所以管道应有卷盘。

与管道系统一起应平行配置固定的热水系统，还可配置 50～200kg 的压力水系统。

6.2.5 通风

在车间内，为了便于净化空气的流通和保持适宜的湿度，应设置良好的通气系统，建议通风流量不得低于 45m^3/（h·人）。封闭式灌装车间的空气应经过过滤。

通风系统应能防止灰尘、去除多余的水分和蒸汽、防止冷凝，以保持良好的卫生状况。通风系统的过滤器和其他需要清洗或更换的部件应便于拆卸。

6.2.6 原料接收场地

（1）场地足够大以备卡车停放及周转筐存贮。

（2）清洗用水方便。

（3）设置 2%～3%的坡度以利废水排出。

6.2.7 废水、废弃物的排放与处理

无论室内或室外的加工场地，必须有良好的废水排出系统，而不是只供废水积存的死水沟，还必须有废水处理系统以利环境保护。在部分或全部暴露的情况下，排水管的设计应确保废水不会从受污染的区域流入洁净区域。废弃物不得在加工场所堆存，以免造成微

生物和不良气味对酒的污染。皮渣更不得在死水沟积存。

6.2.8 操作车间

格局独立的操作车间内，应有符合卫生要求的洗手间。

灌装车间应与酿造车间，尤其是与发酵车间良好隔离。要便于酒瓶的进出，容易清洗，且有良好的光线，紧靠精滤车间，并便于消毒处理（如蒸汽消毒）。

洗瓶间应设在灌装线前，但要良好隔离，同时应靠近空瓶贮存处，也有足够大的空间以方便洗瓶机工作。

过滤间应紧靠灌装线，容易清洗和消毒。

采取必要的防护措施，如保护外壳等，确保玻璃和硬塑料部件的安全，以防止这些材料的碎片进入产品。

车间的门窗和其他开口应能防止污染，避免空气、昆虫、灰尘和其他污染物的进入。能够进入外部环境的开口，如有必要，应配备防虫屏风，并便于拆卸、清洗。如果打开窗户会造成污染，在生产过程中，窗户应保持关闭和上锁。门必须使用光滑、不吸收的表面，以便于清洁、消毒。

6.2.9 原材料

为了防止各种原材料的损坏和交叉污染，必须具备与储存材料相适应的各种库房（表6.1）。它们应能避免灰尘、潮湿，防止过热过冷，对于瓶塞和各种葡萄酒用辅料的储存则应更加小心（李华和刘延琳，2000）。

表 6.1 防止交叉污染的储存措施

储存措施	材料/设备/区域	区域/物品
禁止（包括临时）储存	—植物保护剂、清洁剂或油品 —机动车辆	—发酵车间 —压榨车间 —加工车间 —干材料库房（硅藻土、木塞、纸箱等）
隔离	废物处理：果梗、皮渣、酒泥、废水、包装物等	加工区域
分离储存区域	—干材料库房（硅藻土、木塞、纸箱等） —辅料、助剂	其他物品： —植物保护剂 —清洁剂
避免储存	—干材料库房（硅藻土、木塞、纸箱等） —辅料、助剂	—发酵车间 —灌装车间
如果可能则分开	灌装车间	其他车间

6.2.9.1 葡萄原料

一些葡萄酒企业的活动包括葡萄原料的生产和葡萄酒的生产（如葡萄酒庄），而另一些葡萄酒企业则只购买葡萄原料或原酒进行葡萄酒的生产（葡萄酒厂）或加工（葡萄酒分装商）。因此，有的企业控制葡萄酒的整个产业链，而其他企业则依赖于它们的供应商。在第一种情况下，应通过在葡萄园中实施良好生产规范来确保原料的质量和安全。在后一种情况下，企业应对其购入的原材料的质量负责。购买葡萄、葡萄原酒的准入标准必须在供应商的规范中规定，并在原材料验收时进行验证。

无论是企业自己生产的原料还是购进的原料（包括葡萄和葡萄原酒），都应符合相应的验收标准。目前，可参考 GB 2763—2021《食品安全国家标准　食品中农药最大残留限量》（将在第 9 章中详细介绍）、表 6.2～表 6.5 制定企业标准（杨晨露等，2019）。

表 6.2　酿酒葡萄质量等级要求（NY/T 3103—2017）

项目	规格		
	一级	二级	三级
可溶性固形物/%	＞21	19～21	17～19
总糖/（g/L）	＞190	170～190	150～170
容许度	各项指标达不到本级要求但可以达到二级要求的果实所占比例＜3%	各项指标达不到本级要求但可以达到三级要求的果实所占比例＜5%	各项指标达不到本级要求但可以达到基本要求的果实所占比例＜8%

表 6.3　葡萄农药最大残留限量（NY/T 844—2017）

农药名称	用途	限量/（mg/kg）
氧乐果	杀虫剂	0.01
克百威	杀虫剂	0.01
敌敌畏	杀虫剂	0.01
溴氰菊酯	杀虫剂	0.01
氰戊菊酯	杀虫剂	0.01
苯醚甲环唑	杀菌剂	0.01
百菌清	杀菌剂	0.01
多菌灵	杀菌剂	2
烯酰吗啉	杀菌剂	2
氯氰菊酯	杀虫剂	0.2
氯氟氰菊酯	杀虫剂	0.2

表 6.4　NY/T 274—2014《绿色食品　葡萄酒》的农药残留限量规定

项目	要求
多菌灵/（mg/kg）	≤0.5
甲霜灵/（mg/kg）	≤0.5
呋喃丹/（mg/kg）	不得检出（＜0.002）
氧化乐果/（mg/kg）	不得检出（0.002）

表 6.5　葡萄及葡萄酒中重金属及污染物最大限量

物质种类	葡萄		物质种类	葡萄酒			
	GB 2762—2022	NY/T 844—2017		GB 2762—2022	GB 15037—2006	NY/T 274—2014	OIV
铅	0.2mg/kg	0.2mg/kg	铅	0.2mg/kg		0.2mg/L	0.10mg/L
镉	0.05mg/kg	0.05mg/kg	镉				0.01mg/L
			铁		8.0mg/L	8.0mg/L	
			铜		1mg/L	0.5mg/L	1mg/L
			锌				5.0mg/L

6.2.9.2 葡萄酒中微生物及生物毒素限量

葡萄酒中的微生物含量主要受两方面的影响，一是葡萄原料的微生物状况，二是过滤、灌装工艺及生产环境的卫生情况。严重的微生物问题还会造成生物毒素超标，带来食品安全风险。表 6.6 中列出了我国现行的 GB 2758—2012《食品安全国家标准 发酵酒及其配制酒》和 NY/T 274—2014《绿色食品 葡萄酒》对葡萄酒微生物限量的规定。生物毒素限量方面，GB 15037—2006《葡萄酒》采用 GB 2761—2017《食品安全国家标准 食品中真菌毒素限量》，仅对葡萄酒中的赭曲霉毒素 A 限量做出了规定，并未涉及可由霉菌产生的展青霉素，以及由酒精发酵或（和）苹果酸-乳酸发酵产生的氨基甲酸乙酯和生物胺。表 6.6 列出了我国和欧盟食品标准中葡萄酒的微生物和生物毒素限量要求（杨晨露等，2019）。实施 GB/T 23543—2009《葡萄酒企业良好生产规范》可有效降低微生物及生物毒素风险。

表 6.6 葡萄酒中的微生物和生物毒素限量

项目		欧盟	中国				
			GB 2758—2012			NY/T 274—2014	GB 2761—2017
			n	*c*	*m*		
微生物	沙门氏菌	25g 样品中未检出	5	0	0/25mL	0/25mL	
	金黄色葡萄球菌	不得检出	5	0	0/25mL	0/25mL	
	菌落总数					50CFU/mL	
	大肠杆菌	25g 样品中未检出				3MPN/mL	
生物毒素	赭曲霉毒素 A	2μg/L					2μg/kg

注：*n*. 同一批次产品应采集的样品件数；*c*. 最大可允许超出 *m* 值的样品件数；*m*. 微生物指标可接受水平限量值（三级采样方案）或最高安全限量值（二级采样方案）

在产品葡萄酒的贸易中，特别是在国际贸易中，必须尽量降低相关生物毒素的含量，以符合进口国的标准。

生物胺是由乳酸菌产生的，它的含量可作为酒窖卫生质量的标志。酒窖的卫生监控和一些简单的控制方法，可以有效降低葡萄酒中生物胺的含量：①选用优良苹果酸乳酸菌株；②监控苹果酸-乳酸发酵，使之正常进行；③在苹果酸-乳酸发酵结束后，立即进行合理的微生物稳定处理。

氨基甲酸乙酯可在酒精发酵、苹果酸-乳酸发酵和陈酿过程中形成。氨基甲酸乙酯是由分解精氨酸的酵母和在苹果酸发酵过程中消耗精氨酸的乳酸菌释放的尿素形成的。以下良好做法有助于限制氨基甲酸乙酯的风险：①限制葡萄园氮肥的用量；②将葡萄醪中氮的富集限制在绝对必要的范围内；③选用低产酵母菌株和细菌菌株；④防止葡萄酒在运输和储存过程中暴露在高温下；⑤尿素酶处理（尿素含量大于 1mg/L）。

6.2.9.3 葡萄酒的食品添加剂及加工助剂

目前我国 GB 15037—2006《葡萄酒》中仅对柠檬酸（干、半干、半甜葡萄酒≤1.0g/L；甜葡萄酒≤2.0g/L）、苯甲酸或苯甲酸钠（以苯甲酸计≤50/mg/L）、山梨酸或山梨酸钾（以山梨酸计≤200/mg/L）这几种食品添加剂提出了要求，其他食品添加剂及加工助剂按照 GB 2760—2014《食品安全国家标准 食品添加剂使用标准》的要求执行，该标准规定了允许使用的食品添加剂种类、使用范围（以食品类别表示）和最大用量或残留量。添加剂和加工助剂的不同是中/欧现行葡萄酒工艺标准中主要的差异所在。表 6.7 列出了中/欧葡萄酒添加剂和加工助剂间的 4 类差异（杨晨露等，2019）。

表 6.7　欧盟标准 R.606/2009 与中国 GB 2760—2014 中葡萄酒添加剂和加工助剂差异比较

中/欧葡萄酒添加剂和加工助剂差异分类	添加剂和（或）加工助剂名称	备注
R.606/2009 允许使用，但在 GB 2760—2014 中未授权用于食品	亚硫酸氢铵、植物蛋白、鱼胶、酒石酸钙、阿勒颇松木树脂、植酸钙、柠檬酸铜、尿素酶、藻酸钙、葡聚糖、氯化银、聚乙烯异丁醚-聚乙烯吡咯烷酮（PVI-PVP）	氯化银：欧盟法规 R.2015/1576 于 2015 年 7 月 6 日发布授权。PVI-PVP：欧盟法规 R.2015/1576 于 2015 年 7 月 6 日发布授权
R.606/2009 允许使用，在 GB 2760—2014 中可用于其他食品但不能用于葡萄酒	壳聚糖、二甲基二碳酸酯（DMDC）、偏酒石酸、海藻酸钾、亚铁氰化钾、焦糖	焦糖：中国只允许用于调香葡萄酒，欧盟允许用于利口葡萄酒
R.606/2009 允许使用，但在 GB 2760—2014 中限制使用（仅用作加工助剂）	单宁、阿拉伯树胶、硫酸钙	硫酸钙：欧盟允许用于西班牙利口葡萄酒（R.606/2009 附件Ⅲ）
R.606/2009 允许使用，但在 GB 2760—2014 中未明确授权用于葡萄酒	羧甲基纤维素（CMC）[或纤维素胶、INS 466（一种纤维素）]、微晶纤维素 [INS 460（i）]	GB 2760—2014 授权了与羧甲基纤维素、微晶纤维素相似的物质——纤维素 [INS 460（ii）] 作为加工助剂用于葡萄酒，但没有明确说明微晶纤维素是否等同于纤维素，而 OIV Oeno 9/2002 专门提到微晶纤维素是纤维素的纯化形式

二氧化硫是葡萄酒中重要的食品添加剂，在葡萄酒酿造过程中具有选择性杀菌、澄清酒液、抗氧化、增酸和溶解等多种作用。但高剂量的二氧化硫会产生令人不悦的硫味、硫醇味和硫酸氢盐，并对人体产生不利影响，很多消费者尤其是气喘病患者和儿童都有硫不耐受症和高敏感性。因此，二氧化硫的使用要根据原料状况（成熟度、卫生状况等）和所生产的葡萄酒类型做到适量、合理、及时添加。与欧盟食品添加剂标准相比，GB 2760—2014 中对二氧化硫的要求相对宽泛（表 6.8）（杨晨露等，2019）。

表 6.8　欧盟 R.606/2009 与中国 GB 2760—2014 中 SO_2 最大使用量的比较

指标	葡萄酒分类	欧盟 R.606/2009		中国 GB 2760—2014	
		含糖量＜5g/L	含糖量＞5g/L	非甜型	甜型
SO_2 最大使用量	红葡萄酒	150mg/L	200mg/L	250mg/L	400mg/L
	白/桃红葡萄酒	200mg/L	250mg/L		
	利口葡萄酒	150mg/L	200mg/L		
	起泡葡萄酒	185mg/L	235mg/L		
	特殊的原产地名称保护（PDO）级葡萄酒	300～400mg/L			

企业必须为葡萄酒的食品添加剂及加工助剂建立可追溯体系。在购买前必须了解产品的使用条件（法规、酒类法典、注册等），并要求供应商提供相应的数据表和安全数据表。在收货时，记录批号，并检查最佳使用日期、贮存条件和包装的完整性。在贮存和使用时遵守产品包装上的建议。必须根据葡萄的状况和要生产的葡萄酒类型来考虑和证明食品添加剂及加工助剂处理的合理性，它们的使用与否及所使用的剂量应通过试验确定。

目前我国在葡萄酒的过敏原方面还没有要求，但欧盟规定过敏原是葡萄酒行业需要监控的危害之一，并且要求在2012年6月30日以后，如果检测到的过敏原残留≥0.25mg/L，必须在葡萄酒的标签上标注［Règlement(CE)n° 607/2009 modifié］。在这种情况下，最好不使用含有过敏原的食品添加剂及加工助剂。

6.2.10 更衣室、卫生间

必须为工作人员提供足够的更衣室，以及足够数量的设有冲水装置和连接有效排水系统的厕所。厕所不得直接通往处理葡萄酒的车间。应提供足够数量的适当位置的洗手槽。洗手槽应配备流动的热水和冷水，以及洗手和卫生干燥的设备。卫生设施必须能适当地自然或机械通风，在内张贴告示，提醒员工注意卫生，并保持清洁。

此外，夯土、石墙等天然材料常用于修建传统的葡萄酒陈酿和储存酒窖。对于葡萄酒来说，应避免温度的巨大差异；高温往往对产品质量有害，并可能对产品的稳定性产生间接影响，难以保持SO_2，有利于微生物群体的繁殖等。良好的照明有助于评估车间和设备的清洁状况。在瓶贮车间（酒窖），为了避免白葡萄酒的“光味”（葡萄酒暴露在光下产生的挥发性硫化合物的气味），最好使用钠灯或发光二极管（LED），尤其是白色玻璃瓶葡萄酒。

总之，所有的设施与设备必须符合GB 12696—2016的规定。

6.3 清洗消毒水平的确定

对于与葡萄、葡萄醪和葡萄酒接触的加工、转移、运输与存储设备，必须采取预防措施，以确保这些设备不会被污染。因此，应选择易于清洁，耐高温、酸、碱、氯化物的材料；设计简单，尽量避免角落、边缘、死角、直角等；表面光滑，焊缝光滑、无裂缝；便于拆卸；与地面之间留出空间，以便在设备下面进行清洁。

用于葡萄酒车间的分析检测及控制设备，必须是用符合规定的材料制造的。禁止使用水银温度计，而应使用酒精温度计或温度探头。避免在酒罐（桶）上方操作灯泡或电灯，最好使用水密灯。

所有新设备或最近翻新的设备，在使用前应彻底清洁和冲洗，至少在使用前和使用后用水冲洗。所有设备和设施都应按规定使用和维修，并做好相应的记录。

此外，还必须对换热器和冷却装置进行预防性维护，以防止传热流体的泄漏。热交换流体的泄漏是葡萄酒行业需要监控的危险之一。

葡萄酒厂的设备种类很多，与清洗、消毒相联系的工艺阶段与工艺处理过程不同，所采用的方法及处理的程度也不相同。因此首先要确定清洗消毒的水平，即卫生水平（李华和刘延琳，2000）。

6.3.1 不与葡萄酒或酒醪直接接触的表面（灌装车间除外）

表面，如地板、屋顶、管道的外部等需要清洗但无须消毒，其清洗工作比清洗同葡萄酒接触的材料容易。这些表面的清洗也关乎安全生产问题，因为脏的地板会很滑。脏物也会损坏表面：葡萄酒及酒醪中的酸对水泥、碳钢等的腐蚀性很强，污物在脏的表面存积其保温会更持久，这通常也导致腐蚀。霉菌会在脏的表面生长发育，还会加速腐蚀。

6.3.2 灌装车间

总的来说，要求灌装车间的环境非常洁净，以避免除过菌的酒被污染。但这也取决于所要灌装酒的类型。地板、屋顶及机械外部必须非常干净，必要时可进行消毒。如果要进行无菌灌装，所有的表面每天必须消毒，空气需经无菌过滤。

6.3.3 与酒醪直接接触的材料

6.3.3.1 自然酵母发酵

材料只需清洗而无须消毒，以加速启动发酵。发酵启动得越快，氧化及细菌败坏的可能性越小。

6.3.3.2 活性干酵母发酵

如果只使用一个菌系，则通常无须进行特殊的消毒，因为活性干酵母的活性经选择而强于自然酵母。但是，在自然酵母的活性较强时，污染通常由材料引起而非葡萄本身，因此最好进行消毒以确保所选用酵母的高活性。有时在发酵末期可发现高达100%的污染率，而5%～20%的污染率并不少见。发酵罐每次用前必须消毒，泵、管道等至少每周消毒一次。当需要使用几种菌系时，若发生污染，它们会发生协同作用，这意味着材料每次都要接触一个新菌系，因此必须进行消毒。由于活性干酵母通常活性较强，其污染要比自然酵母严重。在这种情况下，发酵罐、泵、管道等在每次同新菌系接触前必须消毒。

6.3.4 同葡萄酒直接接触的材料

6.3.4.1 甜葡萄酒

材料需进行完全的清洗和消毒，以免酵母及细菌污染。甜葡萄酒通常在精滤后无菌保存，任何进一步的污染均会对产品质量产生恶劣影响。有时葡萄酒在有高 SO_2 及低温保护的情况下，消毒不是很重要，但也要非常小心，高 SO_2 和低温通常对细菌很有效，但往往不足以对付酵母。低于10℃时，通常细菌不活动，但有酵母在−20℃、游离 SO_2 含量（F_{SO_2}）>50mg/L 的情况下活动的报道。葡萄酒在只含有几克残糖时，通常不会有由酵母引发的任何问题，因为没有足够的糖供其生长发育，但在这种情况下，乳酸菌会非常危险，因为它们可以多种物质为碳源而生成乳酸。

6.3.4.2 不需要进行苹果酸-乳酸发酵的干葡萄酒

为避免苹果酸-乳酸发酵，需尽可能进行材料的灭菌，虽然这不如甜葡萄酒那么重要，因为这种酒只害怕细菌，而苹果酸-乳酸发酵很容易被 SO_2 及低温抑制。

6.3.4.3 苹果酸-乳酸发酵前的干酒

材料需清洗但无须消毒，因为一般不会有酵母污染，但苹果酸-乳酸发酵前的干酒需要乳酸菌的生长发育，而细菌的污染通常由材料引发，因此应避免任何消毒以帮助乳酸菌尽快繁殖。另外，此酒只需进行空气防护以避免醋酸菌群的生长。

6.3.4.4 经苹果酸-乳酸发酵后的干葡萄酒

只要不发生通气，这种酒一般是生物稳定的，因此不需要进行整体的消毒。但有些细菌，在有氧时会降解葡萄酒的其他成分，如酒石酸或甘油。这些细菌通常需要特殊的发育条件，如 pH>3.6、很低的 SO_2 水平等，但我们仍需提防它们，尽可能进行杀菌以避免受到任何污染。

6.3.5 灌装线

灌装线应该是酒厂最干净的部分，其清洗方式取决于酒的类型。

（1）甜酒：应非常严格地进行所有材料的消毒。

（2）未进行苹果酸-乳酸发酵的干酒：非常严格地进行所有材料的消毒。

（3）进行过苹果酸-乳酸发酵的干酒：良好的消毒水平，特别是当酒的 pH 高、酒度低、SO_2 含量低时。但当 F_{SO_2}>25mg/L、低 pH 时，也可不进行消毒而直接灌装。

6.4 厂房的卫生要求及清洗与消毒

6.4.1 卫生要求

绝大多数的葡萄酒的异化、病害和变质都是由于较差的卫生条件，以及设备、各种容器和酒厂环境中滋生的微生物（细菌、霉菌、酵母）引起的。因此，必须去除所有能与葡萄、葡萄汁和葡萄酒接触的物品上的污垢并杀死各种病原微生物。

为此，应该用高压水枪喷射饮用水、热水和去污消毒剂溶液来清洗大型设备和大面积表面（地面、墙壁、天花板、葡萄酒容器等），而自来水的水压（低于 3Pa）不足以达到清洗的目的。为了在清洗后获得很好的消毒效果，可在各种容器和不锈钢管道中通入蒸汽（1Pa）并保持 20min，或通入 100～150℃的流动蒸汽保持 30min。

在使用去污消毒剂时，应考虑表面种类。

需清洗的表面必须光滑、无活性、无死角。这就需要遵循下列卫生要求的基本原则。

（1）金属部分必须磨光。水泥池表面应首先有光滑刷面，然后再刷保护层（内表面用环氧树脂或甲苯酚树脂，外表面用防水、防酸涂料）。新设备最好选用不锈钢。所有装置应尽量简单，便于装卸和清洗。

（2）地面应有足够的坡度倾斜以利于排水，发酵容器的底部也应有倾斜于排空阀的坡度。如果新建发酵容器群，最好选用不锈钢，并且应具备如带 SO_2 溶液的液压活塞、充气贮藏保护设施、浮盖等。

（3）淘汰所有不适宜再用的木桶。

（4）经常更换橡胶管，因为橡胶容易老化而变得多孔，不容易清洗。

6.4.2 清洗与消毒

生产性厂房的地面应每天用高压水枪冲洗。对于墙壁、天花板，如果其表面光滑，则可用水冲洗；反之，则至少在每年采收前用石灰粉刷一次。此外，还应具备各种食品工业中基本的清洗及消毒条件，如高压水枪喷射杀菌剂溶液及使用杀菌灯、甲醛熏蒸等。

良好的通风条件以保持地面和葡萄酒容器表面的干燥，也是防止微生物滋生的有效措施。

对于墙壁和垂直表面的杀菌处理，可先用石灰浆（1kg 石灰/10L 水）喷雾，也可在石灰浆中加入 15～20g/L 的硫。几小时后再用硫酸铜水溶液（50mg/L）喷雾。

6.5 一般设备的清洗与消毒

6.5.1 葡萄采收前的清洗与消毒

即使在上一发酵季结束后都已经过检查，在发酵开始前，也必须对所有的设备进行复查。所有设备必须无灰尘、油污，且经过清洗。对于一些需要涂敷的零件，应尽早进行清洗与消毒，以便在发酵时所有的异味都完全散发。

如果是木质和铁质的设备，在使用前需要刷两层耐酸凡立水（酚醛清漆），这样就可使葡萄汁不接触金属，木纹不容易存在杂菌，同时也容易冲刷和保护设备。刷凡立水时，第一次刷时要薄，刷第二次时，必须等第一次刷得完全干燥后再进行。

铜质的工具，如木桶、胶皮管接头，水勺等，如果有露铜处，均要镀上纯锡。

所有的螺丝都应用食用油重复润滑；检查所有管道，如果需要，还应去除酒石。

总之，所有设备都应清洁、卫生、完好。

6.5.2 采收过程中的清洗与消毒

采收过程中的清洗与消毒工作包括对采收、运输及取汁设备的清洗与消毒。

6.5.2.1 采收机

在每次采收停机后，都应用高压水对采收机进行冲洗，以清除葡萄、叶片及它们的残屑，同时防止滚筒等部件挂淤。采收机卫生处理的目的在于防止所有微生物的生长繁殖，因此必要时还应每天对其所有与葡萄接触的部位进行消毒。

最好有一个清洗场地，以便于对所有的容器及与葡萄接触的零部件等进行浸泡、清洗、消毒等。

6.5.2.2 小型采收用具

对所有箱、筐等每天应高压冲洗一至两次，以去除葡萄汁及其他脏物（包括枝叶、泥土等），冲洗后应沥干。在一些情况下，还应用 0.2%的 SO_2 或其他药品对它们进行消毒。

6.5.2.3 周转容器

应每天用高压水冲洗，并刷洗、沥干、定期消毒。

6.5.2.4 原料泵

应选用便于拆卸和清洗的原料泵。在每次停机后，应将其拆卸并清洗干净；在安装后，应将其排放口打开，使其沥干；在使用前，再行冲洗—消毒—循环清洗（泵及管道）。

在使用完后，应及时对泵及管道进行预冲洗、清洗、消毒。软管应挂起来使其沥干。

6.5.2.5 取汁设备

取汁设备包括破碎-除梗机及压榨机，它们通常很难清洗。对它们必须每天清洗，以防任何微生物的滋生。可用高压水冲洗，冲洗后应定期消毒。

6.5.3 采收后的清洗与消毒

在采收结束后，应将所有设备进行拆卸、清洗，对一些部件应上油，并采取一系列的保护措施，防止它们在不用时落灰、腐蚀等。

一些周期性使用的设备和容器，如采收设备、发酵容器等，在不使用期间，常会滋生一些微生物，落有灰尘等，并有可能进入葡萄汁和葡萄酒中。对于这些设备，应采取以下措施：首先进行干擦、刷，然后用含有少量氢氧化钠的开水清洗。用水冲洗后，再用亚硫酸水（100g/L 亚硫酸氢钙）浸泡清洗 15min 以上。

6.6 管道系统及原料输送线的卫生

6.6.1 管道系统

管道系统包括所有的管道、接头等。对于固定管道（主要是不锈钢材料），在葡萄酒通过以后，应用高压水冲洗，以免葡萄酒残留在管道中。如果管道长期不使用，在使用前应进行消毒，然后用水冲净。

对于软管（橡胶管、塑料管），除在使用时每天用水冲洗外，还应定期刷洗并消毒，消毒后用水冲净再沥干。

新购的橡皮管在使用前需用蒸汽处理，以除去橡皮味和杂菌。

已用过的橡皮管和不锈钢管路需使用 1%碱液或 2%柠檬酸液进行处理，然后用清水冲洗。

如果橡皮管有霉味，应该将其浸泡在焦亚硫酸钾的溶液中（溶液的浓度为 2g/L）。经数天后，取出、清洗至没有霉味为止。

在需要时，应更换管道接头，并对管道的接头连接处进行刷洗。

6.6.2 原料输送线

无论是哪种设备，还是输送哪种原料（包括整穗葡萄、葡萄浆等），输送线在每次停止运转后，都应立即进行清洗。在清洗时应一边刷洗，一边保持输送线的运行。

对于槽沟和原料入口，应定期刷洗、消毒。

总之，所有金属固定管道必须经常冲洗并用蒸汽消毒。所有软管在每次使用后必须用水冲洗，并定期用 5%的甲醛水溶液浸泡，然后用 1%的亚硫酸水溶液冲洗，最后用饮用水冲洗，沥干。

6.7 葡萄酒容器的卫生

6.7.1 水泥池

水泥池必须有保护层。可用酒石酸、贴瓷砖或玻璃作保护层，或用环氧树脂保护层。

贴瓷砖或玻璃作保护层（这种方法正逐渐消失）：定期检查接缝部分是否有裂缝及贴面是否破损，因为这些地方均易滋生微生物。对于这类水泥池，酒石的沉积更难更慢，用除酒石的水冲洗即可。

环氧树脂保护层：定期检查是否有破损、剥落等，如有，则应重新涂上环氧树脂。用除酒石的水冲洗即可。

贴面和环氧树脂保护层均能抵抗去污剂和消毒剂溶液。

对于所有的水泥池，都应避免酒石的层积，因为酒石中还含有有机物、微生物等，可引起葡萄酒的各种病害。因此，每年应至少用化学方法除酒石一次。

除酒石的化学方法：在一容器中装入碱液，用高压喷洒在水泥池内壁上，碱液顺内壁流下，溶解酒石，然后通过池底出口流入容器中。如果酒石层很厚，应在化学除酒石前，预先用物理方法（火焰、钢刷等）除酒石。

在除酒石的同时，应详细检查水泥池是否完好。

如果池内还有变质葡萄酒，或具有臭味、霉味等异味，就必须除酒石，而且在除酒石后应进行消毒处理。

6.7.2 钢罐

应定期检查涂料钢罐的涂层，并通过除酒石和消毒进行保养。

除对不锈钢罐内壁用化学方法除酒石和消毒外，还应对其外表面进行钝化处理，特别是用水进行喷淋冷却。

6.7.3 塑料罐

用化学方法对塑料罐进行除酒石和消毒。

6.7.4 保温罐

保温罐的保温层较为脆弱。如果保温层出现破损、裂缝等，应及时修补并尽量避免任何液体的渗入，否则就会引起微生物的滋生，很难清洗，同时还会导致保温层失效。

总之，为了清洗葡萄酒容器、设备，应在容器内安装不锈钢球形喷嘴，以清洗容器内表面的各个部分。一般情况下，对于每次放空的容器都应及时进行除酒石处理，对于发酵容器，至少应每年处理一次。其处理方法是：用高压泵将碱液喷洒在容器的内表面，并进行连续式循环喷洒。然后进行刷洗，用水冲洗，沥干，并进行钝化处理。

6.7.5 橡木桶

橡木桶的保养和卫生非常困难，必须加倍小心。最好使用新桶，或者是6年以下的桶，只有这样才能因控制性氧化和带来优雅的橡木味而改善葡萄酒的感官质量。而旧桶会使葡萄酒中硫酸盐和挥发酸含量升高而迅速干化，还可能由于积在酒石中或木孔中的微生物而使葡萄酒带异味。

由于橡木的多孔性，所以其很难消毒和保养。

对于刚用过的木桶，应采取下列措施进行清洗。

（1）清除所有酒泥，刷洗，再用高压水冲洗。对于不能刷洗的小木桶，则可用链条抽洗。

（2）冲洗后沥干，然后用开水冲洗。如果可能，可用蒸汽消毒。

（3）最后进行熏硫处理。

在用开水清洗大木桶时，可在开水中加入30g/L氢氧化钠。

在使用前，可用含有氢氧化钠的开水进行刷洗（或抽洗），然后用清水冲净。沥干后在内表面抹上酒精（最好是葡萄酒精）并点燃。木桶塞及其包衬则应在使用前用1%的亚硫酸水浸泡。

木桶用过一段时间后，有的会发生干漏现象或生霉、有酸味和其他臭味等。这些异味一般用水泡或冲刷后，可能暂时嗅不出来，但在桶内木纹中依附的菌体和异味尚未根除，贮酒后会逐渐浸出，影响酒的质量或造成损失。因此，需要经过仔细检查和细致的处理。用过的木桶一般按下列程序进行检查（图6.1）和处理。

- 旧木桶
  - 外观检查
    - 断裂、腐烂、翘板
    - 桶底变形
    - 桶底挤压发翘
    - 桶口变形
    - 铁箍生锈
  - 内部检查
    - 杂质、不洁物
    - 酸味
    - 霉味

图6.1 旧木桶的检查

6.7.5.1 外观检查

在检查木桶的外观时，应检查桶是否完整，有无断裂、腐烂或翘板。有上述情况的桶要进行拆修，有些外部发现断裂的帮板，内部尚完整良好，翘板不甚严重且桶不漏的可以不换，对腐烂板则一定要修换。

旧木桶放置一段时间后，一般要先紧箍再用水泡，这时会出现下列情况。

（1）桶底变形：桶底原是圆形，紧箍后成椭圆形，这样的桶底木质多易“走性”，但未腐烂，这类桶尚可使用，但最好是将两桶底拆下，刨成圆形后箍好再泡水，确定不漏后方可使用。

（2）桶底挤压发翘：桶底因紧箍后而挤压发翘。这类桶应将两桶底拆下，将外缘刨去一层，箍好再泡水，确定不漏后方可使用。

（3）桶口变形：桶口原是圆形，紧箍后成为椭圆形，这样一来将木桶塞好后，两头会出现空隙。用这种桶贮酒后，酒容易挥发，又因酒与空气接触也易败坏，所以变形的桶口一定要锉圆，使之完全与木桶塞贴合。

（4）铁箍生锈：在酒窖中常使用硫黄熏烧杀菌，产生的SO_2气体很容易使铁箍生锈。对此，在每年加工前进行检修时，应将生锈的铁箍用钢丝刷彻底除锈灰，并涂以防锈漆。

6.7.5.2 内部检查

在检查木桶的内部时，应检查桶是否有杂质及不洁物、酸味和霉味。有上述情况的桶要进行以下处理。

1）杂质、不洁物的处理　内部检查应先看桶内是否有沉淀物，按要求应在使用前将桶内的酒石等沉淀全部清除，然后将空桶放置起来。如果桶内还有残余沉淀物或其他不洁物应刮除。600L 以下的小桶可施行桶内贮水，接上蒸汽管道，由于蒸汽在桶内可使水扰动，同时开水能溶解酒石，因此水开后约 5min，即可将桶内洗刷干净，然后将热水放出即可。

刮除桶内垢物后，即行泡水，以检查有无渗漏现象。泡桶最好用开水，一般泡两天即可。

如果是用清洁的凉水，需 3～4d。如泡过一段时间仍漏，则需进行修理后再泡，直至不渗漏为止。

波特（Porter）等（2011）提出了大功率超声波（high power ultrasound，HPU）去除橡木桶多孔结构中酒石酸氢钾结晶沉淀物的新型清洗方法，其认为大功率超声波（4kW/20kHz）在高温（40～60℃）条件下处理 12min，可有效去除橡木桶内表层 12mm 中的酒石酸沉淀物。

2）有酸味桶的处理　橡木桶经水泡不漏后，可用 5%的热碱液（Na_2CO_3）或新制的石灰水泡 3～4h（视酸味大小而定）。新制的石灰水是用生石灰经水泡后，取上面的澄清液，不要连石灰渣放在桶内。泡后即用蒸汽蒸，直到没有异味为止（蒸到最后时，能发出橡木与葡萄酒的香味）。蒸后的桶再用清水泡 3～4d，将水倒出，用硫黄熏后备用。

蒸汽蒸桶的方法是先将桶口朝下，垫上支架，下口通入蒸汽。

酒厂中常有专门的木桶处理平台，多用固定支架支撑木桶，固定蒸汽管道。平台上有排水沟。蒸桶时，蒸汽不可开得太大，否则易使桶变形损坏。处理时间按桶的大小而定，一般为 200L 小桶处理 15min，4000～5000L 大型木桶处理约 lh。同时还要看木桶去除异味的效果如何，如时间虽够而桶仍有异味者，可适当延长时间，但不宜太长。如果异味还存在，就需要采取其他措施。

3）有霉味桶的处理　对于有霉味的桶，一般先充分洗刷，用蒸汽蒸，再用水浸泡，直到无霉味为止。有其他臭味的桶也是这样处理。如仍不能去除异味时，可用漂白粉液（每升水中加漂白粉 5g）进行桶内冲刷，经漂白粉处理的桶须充分冲洗，直到不含氯为止（可用硝酸银溶液来测定）。如果还是不能去除漂白粉味时，则应将桶板拆开刮刨一层，最后再经蒸汽蒸，并用水泡 3～4d 后，将水倒出，用硫黄熏后备用。

4）化学方法对木桶进行处理　在蒸汽供应条件不具备时，可采用化学方法处理木桶。将木桶经水浸泡不渗漏后，用 0.2%的过氧乙酸浸泡（购买的过氧乙酸是浓的，一般浓度为 18%）。并充分晃动 15～20min，然后倒入另一要处理的桶中，并适当补充浓过氧乙酸，再按上述方法充分晃动 15～20min，如此类推。倒出过氧乙酸的空桶用清水充分洗涤数次，最后再用清水浸泡，备用。这样处理过的木桶最好及时使用，最多保持浸泡 5d，所以要事先安排时间。

有人总结了橡木桶的清洗和消毒方法（García-Alcaraz et al.，2020；Stadler and Fischer，2020），认为目前最被广泛接受的方法之一是用 90℃ 的高压热水和 105～130℃ 的高压蒸汽通过一旋转头 360°旋转清洗和消毒桶内部，通常工作温度高达 130℃ 或压强高达

150bar[①]。通过这种方式，可以在不损坏木板的情况下，溶解桶内可能积聚的酒石，对桶进行蒸汽灭菌。但是，这种方法只能保证清洗深度达到1.5mm，这是不够的。

如果使用刮削、喷砂、洗涤剂和碱性剂等方法，存在于烘烤层中的芳香族化合物将会丢失。消毒通常辅以以二氧化硫为基础的化学药剂，直接倒入酒中或用空桶熏硫（5～7.5g/桶）。

臭氧系统也被用于清洁酒桶，因为它避免了重复冲洗，不会留下任何可能对葡萄酒的质量产生负面影响的污染化学残留物。臭氧可完全消除酒香酵母和2,4,6-三氯茴香醚（TCA）的异味及对表面进行彻底的消毒和灭菌。其用量应限制在120～200μg/m^3，并保证存在于整个清洗过程中。

用固体CO_2颗粒对橡木桶灭菌和消毒。该方法采用距离设备200mm、喷射直径平均为45nm的固体CO_2颗粒，压强为12bar，干冰流量为48kg/h，总处理时间为180s。然后用0.288L/s的液体CO_2在12mm的距离和10bar的压强下喷射210s。与上述技术相比，采用这种技术的优点是在清洗过程中不使用水。

其他方法包括微波加热、超声波、将橡木桶冷却到大约−80℃的干冰或二氧化碳中，以及目前正处于实验阶段的负氧处理。

木桶应贮藏在较为湿润的环境中，以免干燥导致渗漏，并使之经常处于使用状态。放掉葡萄酒的空桶需要特殊的处理：高压水冲洗，熏硫，开口向下沥干4～5d，熏硫后密封，以后每2～3个月都应熏硫一次。在重新使用前，应在木桶中加入亚硫酸水，以使之释放出因熏硫而形成的硫酸，以及可能吸附在孔隙中的酒形成的乙酸。

只有通过适当的处理，才可使木桶保持良好的卫生状态，并使之能与外界保持良好的交换（控制性氧化），使陈酿葡萄酒能正常成熟。

如果葡萄酒出现轻微的异化，则必须对木桶进行处理：首先用10%的碳酸水除去酒石（如果需要，应重复数次），然后蒸杀菌，最后熏硫。

如果葡萄酒异化严重，几乎不可能再继续使用，说明微生物已深入木板中，应将这样的木桶废弃不用或用作其他非酿造用途（李华和刘延琳，2000）。

6.7.6 容器附件

与葡萄酒接触的任何容器，包括添桶（罐）用容器，不得以铜、黄铜、铁等为材料。容器及附件、管道内表面的污染物包括微生物、蛋白质、色素等有机污垢，以及酒石、水垢等无机物。有机污垢可以用碱性合成洗涤剂清洗除去，酒石、水垢等无机污垢可以用酸性洗涤剂清洗除去（李华和刘延琳，2000）。

（1）人孔门、顶门：定期检查、清洗、消毒。

（2）密封垫：定期浸泡清洗、消毒。

（3）量具：尽量不用。如果使用，则应保持其清洁（拆卸，用消毒液擦洗）。此外，应注意塑料管可能改变其物理特性，从而变得易碎。

（4）出气口、浮帽、无菌塞：定期检查其是否完好，清洗、消毒。

（5）阀门：在每次安装前都应清洗，定期更换密封环、垫圈。为了获得良好的卫生状

① 1bar=1×10^{5}Pa。

态，最好使用完整的不锈钢阀门。

（6）惰性气体装置：定期检查其通路的密封性，任何液体不得进入其通路。

本章小结

葡萄酒卫生是保障葡萄酒质量和安全的最高策略，必须首先从葡萄酒厂的选址及产区环境开始考虑。

葡萄酒厂厂房及设施设计安装必须考虑葡萄酒的卫生要求。在不同的工艺过程中，必须确定适宜的清洗与消毒水平。为了防止各种原材料的损坏和交叉污染，必须具备与贮藏材料相适应的各种库房。原材料的接收、贮存、使用等方面都必须符合相应的规定。

采收设备（筐、背筐、周转箱、采收机等）、原料接收设备、压榨设备、分离设备、澄清设备、管道、软管及一些小型用具（如桶、倒酒漏斗、虹吸管、阀门等）都应每天清洗，并且每周消毒一次，清洗消毒后应置于沥干状态。

管道及输送线在每次完成输送后，都应立即进行清洗，必要时进行消毒。

葡萄酒容器的清洗、消毒措施，应根据材料、容器表面状态、所处的工艺阶段进行选择，制定合理的清洗消毒方案（附件1）。

葡萄酒厂常用的消毒方法有化学消毒、热水循环消毒、蒸汽消毒、紫外线消毒。

主要参考文献

李华，刘延琳，2000. 葡萄酒卫生学. 西安：西安地图出版社

杨晨露，曹佩佩，单文龙，等，2019. 葡萄酒质量安全影响因素及酿造过程中的质量管理. 食品安全质量检测学报，10（6）：1573-1581

杨晨露，王华，李华，2017. 中/欧葡萄酒工艺标准比较. 食品与发酵工业，（2）：256-261

García-Alcaraz J L，Montalvo F F，Cámara E M，et al，2020. Comparative environmental impact analysis of techniques for cleaning wood wine barrels. Innovative Food Science and Emerging Technologies，60：1-7

GB 12696—2016 食品安全国家标准　发酵酒及其配制酒生产卫生规范

GB 14881—2013 食品安全国家标准　食品生产通用卫生规范

GB 15037—2006 葡萄酒

GB 2758—2012 食品安全国家标准　发酵酒及其配制酒

GB 2760—2014 食品安全国家标准　食品添加剂使用标准

GB 2761—2017 食品安全国家标准　食品中真菌毒素限量

GB 2762—2022 食品安全国家标准　食品中污染物限量

GB 2763—2021 食品安全国家标准　食品中农药最大残留限量

GB/T 23543—2009 葡萄酒企业良好生产规范

GB/T 8321.6—2000 农药合理使用准则（六）

Journal Officel de l'Union Européenne，2009. Règlement（CE）n° 607/2009 de la Commission du 14 juillet 2009 fixant certaines modalités d’application du règlement（CE）n° 479/2008 du Conseil en ce qui concerne les appellations d’origine protégées et les indications géographiques protégées，les mentions traditionnelles，l’étiquetage et la présentation de certains produits du secteur vitivinicole. https://wipolex.wipo.int/en/text/178062[2022-08-20]

NY/T 274—2014 绿色食品　葡萄酒

NY/T 844—2017 绿色食品　温带水果

Official Journal of the European Union，2009. Commission Regulation（EC）No 606/2009 of 10 July 2009 laying down certain detailed rules for implementing Council Regulation（EC）No 479/2008 as regards the categories of grapevine products，oenological practices and the applicable restrictions. https://eur-lex.europa.eu/eli/reg/ 2009/606/oj[2009-07-10]

OIV，2021. International Code of Oenological Practices. https://www.oiv.int/en/technical-standards-and-documents/oenological-practices[2022-03-20]

Porter G W，Lewis A，Barnes M，et al，2011. Evaluation of high power ultrasound porous cleaning efficacy in American oak wine barrels using X-ray tomography. Innovative Food Science and Emerging Technologies，12：509-514

Stadler E，Fischer U，2020. Sanitization of oak barrels for wine-a review. J Agric Food Chem，68：5283-5295

7 灌装卫生

在葡萄酒生产中，装瓶是一个分界点，在此之后任何微生物都是有害的，通常会降低葡萄酒质量。特别是，许多瓶装葡萄酒可能含有少量残留的葡萄糖、果糖或苹果酸，这些都是微生物良好的生长基质。引起瓶装葡萄酒破败的微生物主要有醋酸杆菌、拜耳酵母和酒香酵母，但其他酵母和细菌也可以在瓶装葡萄酒条件下生长（李华等，2007）。此外，如果瓶装葡萄酒中苹果酸的浓度高于 0.1g/L，可能会由乳酸菌（一般为酒酒球菌）引起瓶内苹果酸-乳酸发酵（李华和王华，2017）。由于葡萄酒在装瓶时更有可能受到污染，必须在装瓶前和装瓶过程中防止这些问题，因为装瓶是葡萄酒生产中一个不可逆转的点。

为了防止破败酵母和细菌的生长，并减少葡萄酒贮藏过程中感官质量的改变，在这一阶段有效的卫生条件、无菌过滤和正确使用抗菌剂是必不可少的。为了实现清洁装瓶，直接接触未过滤葡萄酒的管道和装瓶机必须彻底地清洗与消毒，以减少可能的交叉污染。此外，在许多酒庄，同一条生产线常被用来装不同年份和风格的多种葡萄酒（如红葡萄酒和白葡萄酒，甜葡萄酒和芳香葡萄酒等）。在这种情况下，通常只使用热水清洗生产线和装瓶机，然后更换不同的酒，可能会导致装瓶过程中的交叉污染（Englezos et al.，2019）。

严格的卫生条件是保障葡萄酒质量最重要的秘密之一。用于装瓶的葡萄酒必须健康无病，澄清稳定。装瓶不仅要保证葡萄酒的质量，而且应使葡萄酒在装瓶以后的贮藏过程中，充分表现出其潜在质量。因此，在装瓶时，必须进行以下方面的工作：①装瓶前检验葡萄酒的质量；②装瓶过程中保证设备和场地清洁卫生；③装瓶以后检查装瓶的质量（李华等，2007）。

7.1 灌装葡萄酒的准备

灌装前，不但要对灌装设备进行清洗和消毒，还应通过物理方法和必要的化学方法除去葡萄酒中的自然微生物，包括酵母、细菌、霉菌等，以达到以下目的：①防止葡萄酒在瓶内沉淀；②阻止任何微生物的活动，以避免葡萄酒化学成分的改变、浑浊及形成 CO_2；③将微生物的群体数量降至标准极限以下。

要达到上述目的，就必须：①通过物理方法除去全部或部分微生物；②杀死或阻止残留微生物的活动。

只有使用适当的设备，按照卫生标准进行处理，才能获得最佳效果。

在装瓶时，还必须检验葡萄酒中酵母及细菌的群体数量。

由于微生物的群体数量与葡萄酒变质没有一定的数量关系，因而很难确定葡萄酒中可容纳的微生物群体数量的极限值。此外，还应考虑微生物的种类（霉菌、酵母、乳酸菌、醋酸菌、微生物总量），以及所使用的微生物计数方法。

微生物的极限群体数量还取决于：①葡萄酒的抗性。甜型酒的抗性比干型酒的差；含苹果酸的比不含苹果酸的差；酒度低、pH 高的比酒度高、pH 低的差。②葡萄酒的消费类型。快消费的比长期贮藏的微生物群体数量高，而用于出口的应具有更低的微生物群体数量水平。

通常情况下，对于干型葡萄酒，瓶内生活微生物的群体数量至少应低于 100CFU/瓶，而含有糖的葡萄酒则应低于 10CFU/瓶。

降低葡萄酒中微生物群体数量主要是通过物理和化学方法来杀死或除去葡萄酒中的微生物来实现的。

物理方法的应用，可以减少葡萄酒中化学添加剂的使用量，从而改善葡萄酒的感官质量。

无论采用什么方法，其效果首先取决于初始微生物的群体数量。因为在一定的条件下，任何一种杀死或除去微生物的稳定技术都只能杀死或除去一定比例，而不是一定数量的微生物。例如，在一定条件下，将某群体数量降低为原来的 1/10、1/100 和 1/1000，则它们分别代表除去了初始群体的 90%、99%和 99.9%。

因此，为了使微生物的群体数量降低到相对低的极限下，不能只考虑最后一次的稳定处理，而应使它在数个阶段相继降低（李华和刘延琳，2000）。

7.2 去除微生物的化学方法

7.2.1 SO_2法

SO_2具有多方面的作用，可以杀菌和防止葡萄酒的氧化。SO_2对酵母的作用只有在较高游离 SO_2 含量时才能表现出来，某些酵母抗 SO_2 的能力很高，如路氏类酵母（*Saccharomycodes ludwigii*）可抵抗 100～150mg/L 的游离 SO_2，而细菌对 SO_2 的抗性要低得多。在装瓶时使用，SO_2对其他物理或化学方法还可以起到良好的补充作用（张春晖和李华，2003）。

7.2.2 山梨酸法

山梨酸可抑制霉菌的生长和酵母的繁殖，它对酵母的抑制作用取决于酒度、pH 及初始群体数量。

山梨酸对细菌毫无作用。相反，细菌还可分解山梨酸而使葡萄酒具异味。因此，山梨酸必须与足够量的 SO_2 结合使用。

7.3 去除微生物的物理方法

这类方法有两方面的作用，一方面是杀死微生物，另一方面是去除微生物，在后一种情况下，必须避免微生物对灌装线的再污染（李华和刘延琳，2000）。

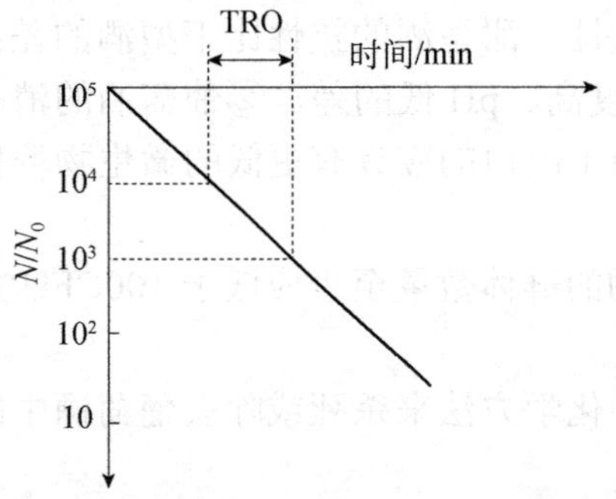

图 7.1 热杀菌条件下微生物的残留曲线

N_0. 原始群体数量；N. 热杀菌后可进行繁殖的群体数量

7.3.1 热杀菌

在湿热的作用下，微生物的死亡率为对数曲线（图 7.1）；在一定温度下，将微生物群体数量降低为原来 1/10 所需的时间为杀死 90%微生物所必需的时间（TRO）。

因此，为了获得相同的杀菌效果，初始微生物群体数量越大，则热杀菌的时间应越长；从理论上讲，不可能完全杀死所有的微生物，而只能降低微生物的群体数量。

通常用巴斯德单位（u.p.）来表示热杀菌：一个 u.p.等于在 60℃条件下处理 1min。如果知道在一定处理时间下引起微生物群体数量下降 90%的温度变化，就可用巴斯德单位来表示所有的热杀菌。

在葡萄酒中，常用的热杀菌包括巴氏杀菌、瞬间巴氏杀菌、热装瓶和瓶内巴氏杀菌。

7.3.1.1 巴氏杀菌与瞬间巴氏杀菌

巴氏杀菌是使葡萄酒的温度迅速升高到所要求的温度（≥60℃），并在此温度下保持一定的时间，然后在装瓶前使之迅速冷却的一种工艺过程（图 7.2）。

巴氏杀菌是用管式或板式热交换器完成的，葡萄酒的加热迅速、均匀、无局部过热现象。

与葡萄汁或其他食品比较，葡萄酒中由于酒精、SO_2 的存在，所需的杀菌温度或巴斯德单位数相对要低一些。

瞬间巴氏杀菌则是在更高的温度下，时间很短的巴氏杀菌（图 7.3）。

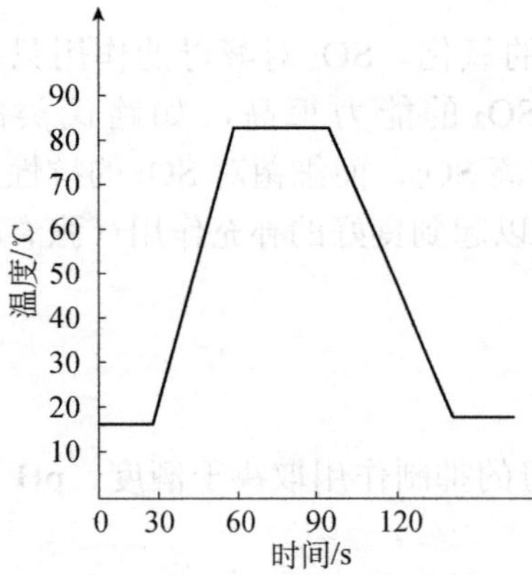

图 7.2 巴氏杀菌示意图

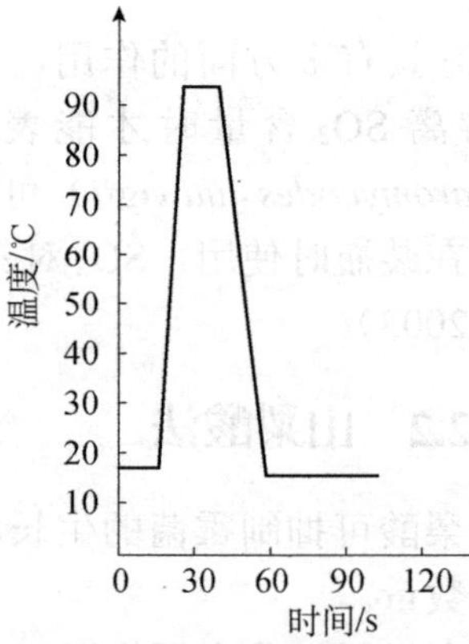

图 7.3 瞬间巴氏杀菌示意图

7.3.1.2 热装瓶

热装瓶技术是将葡萄酒在相对较低的温度下处理较长的时间，葡萄酒的冷却是在装瓶后自然完成的（图 7.4）。

葡萄酒的灌装温度一般为 48～55℃，这一技术通常能保证葡萄酒的生物稳定性。特别是当灌装温度在 55℃时，因为葡萄酒的温度较高，在灌装时可以对酒瓶及瓶塞进行消毒，从而避免了微生物的再侵染。

但是，热装瓶的葡萄酒，在装瓶以后，随着温度的降低，其体积下降（从50℃降至20℃，其体积可下降12mL）。为了使葡萄酒达到标定体积，应提高灌装高度，因而不可能使用长软木塞（>33mm）。

热装瓶葡萄酒也不能使用表面涂料处理的软木塞，因为受热后涂料会粘贴在瓶颈的内壁上，增加开瓶的难度。在这种情况下，最好使用塑料内塞和皇冠盖。

此外，热装瓶还容易引起葡萄酒的氧化，并改变其CO_2的含量。

所以，热装瓶技术最好用于一般质量或酒度较高的葡萄酒（如利口酒）。

7.3.1.3 瓶内巴氏杀菌

在饮料业中，经常使用瓶内巴氏杀菌技术。其优点是可靠性好；其缺点是，在加热过程中，由于瓶内压力的升高，可能将瓶塞推出。因此，它不适于用木塞封装的葡萄酒（图7.5）。

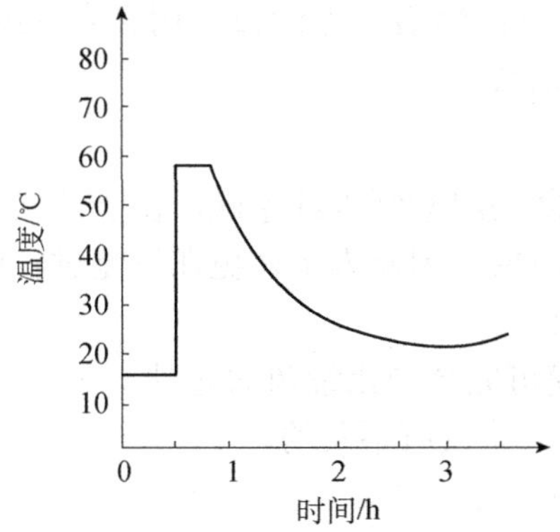

图7.4 热装瓶示意图

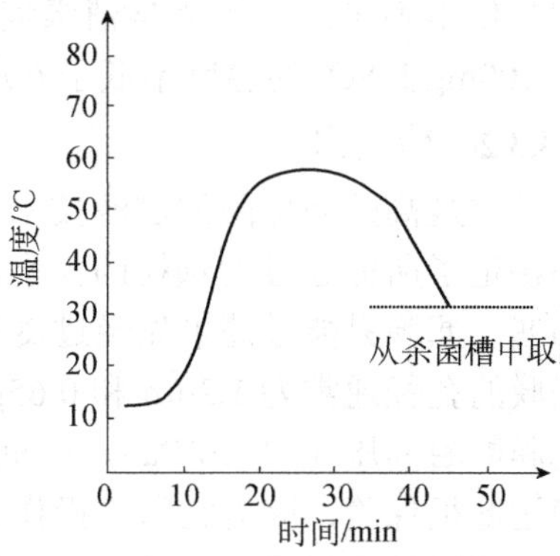

图7.5 瓶内巴氏杀菌示意图

在热杀菌过程中，短热时间处理最为理想，它对葡萄酒的香气和感官质量的影响最小。此外，在封闭条件下的热杀菌（瞬间巴氏杀菌及瓶内巴氏杀菌）比在开放条件下的热杀菌（热装瓶）更为理想。

7.3.2 离心除菌

离心除菌是在离心力作用下，加速悬浮物自然沉降的技术（李华和刘延琳，2000）。

沉降速度取决于以下因素：①液体的黏度；②悬浮物与液体的相对密度差；③离心力的大小；④悬浮物的沉降距离；⑤悬浮物的直径（沉降速度与颗粒直径的平方成正比，所以细菌比酵母更难去除）。

目前使用的离心机有传统离心机和高速离心机两大类。

传统离心机的离心力为自然重力（g）的5000～8000倍，用于葡萄汁或葡萄酒澄清，也可除去95%～99.9%的酵母，但不能完全除去所有的微生物。

高速离心机（14 000g或15 000g）可以除去几乎全部的酵母和95%的细菌。如果在装瓶前使用，它只能用于不再用膜过滤的葡萄酒，因为高速离心处理不能除去葡萄酒中的多糖苷，它们在膜过滤时会堵塞滤膜。

7.3.3 过滤除菌

虽然硅藻土过滤在除去酵母方面可以获得良好的效果，但在装瓶前单独使用很难保证葡萄酒的生物稳定性。

7.3.3.1 纸板过滤

在合理的使用条件下，纸板过滤可以除去绝大部分微生物，保证葡萄酒的生物稳定性，对于澄清板（40cm×40cm），过滤流量最好为100L/（板·h）；而对于除菌板，最佳流量则为60～70L/（板·h）。在使用除菌板时，最好过滤后立即灌装，以防止微生物的再侵染。在这种情况下，应在过滤机出口与酒泵进口之间有一缓冲容器，以减小对灌装机的瞬间压力。此外，葡萄酒应经过正确的预过滤。

在使用前，过滤机必须经过消毒。过滤机的消毒可采用物理消毒或化学消毒。

（1）物理消毒：将滤板安装在过滤机上，然后用90℃的热水在压强不超过5×10^4Pa的条件下消毒30min，或者用蒸汽消毒30min。

（2）化学消毒：先用化学消毒液对过滤机进行消毒；然后安上滤板，用含有3g/L柠檬酸和100mg/L SO_2的温度不低于60℃的水溶液进行消毒。

7.3.3.2 膜过滤

膜过滤是高效而保险的过滤技术，滤膜通常为很薄的醋酸纤维或聚砜。由于滤膜的孔径大小决定了所能通过的颗粒的大小，容易出现堵塞现象，因此为了避免在过滤过程中的迅速堵塞，滤膜只能过滤事先经过良好预过滤的葡萄酒。

滤膜的孔径通常为1.2μm和0.65μm，0.65μm滤膜可完全防止细菌的通过。

滤膜能耐高压（3×10^5Pa），可重复使用，这些都是滤板所不及的。

膜过滤很保险，因为它留给操作者违犯操作规程的机会很少。

由于滤膜的孔径是一定的，可以通过水泡试验来检验滤膜的完好性和最大孔径。其具体方法是测定将滤膜滤孔中的水压出时所必需的压力；孔径越小，这一压力越大；如果滤膜破损，这一压力则几乎为零。

7.3.3.3 错流过滤

根据滤膜的种类不同，错流过滤设备主要有聚合膜（醋酸纤维、聚砜）和无机膜（陶瓷或碳和氧化锆）两大类（李华和刘延琳，2000）。

此外，克洛多韦奥（Clodoveo）等（2016）详细讨论了超声波（ultrasound，US）、微波（microwave，MW）和脉冲电场（pulsed electric field，PEF）等新技术在葡萄酒酿造及灭菌方面的作用及其应用。杨（Yang）等（2016）探讨了脉冲电场用于葡萄酒酿造，特别是葡萄酒灭菌的优缺点。李靖和胡文忠（2013）认为葡萄酒微波灭菌和传统巴氏灭菌在滴定酸、挥发酸、残糖、色度及酒精含量方面的差异不显著，但在总酚方面的差异极显著。微波灭菌的美乐、玫瑰香葡萄酒的总酚物质含量均高于传统巴氏灭菌，微波灭菌不仅可以缩短灭菌时间，还可以更好地保留葡萄酒中的营养成分。

7.4 灌装车间的卫生

澄清和生物稳定的葡萄酒，必须在无任何再污染的条件下灌装，这就要求车间、技术和操作人员都必须满足卫生要求（李华和刘延琳，2000）。

7.4.1 灌装的工艺流程

在灌装车间，灌装线基本上都按图 7.6 排列。

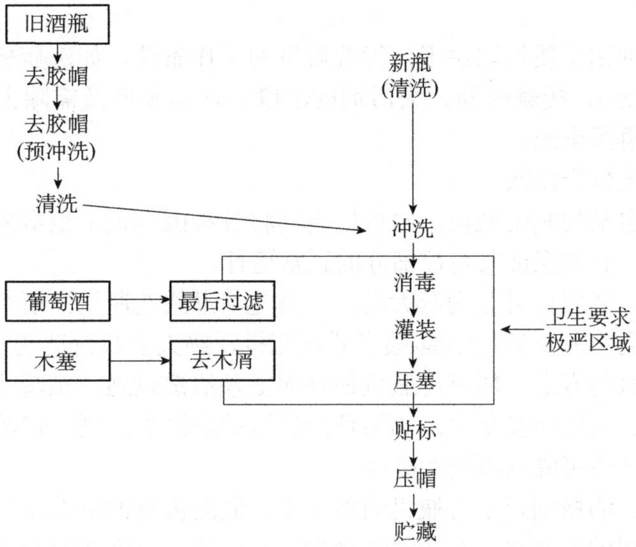

图 7.6 灌装工艺流程图

7.4.2 车间的要求

灌装车间和贮藏库应能满足以下两方面的要求：①提高生产率；②便于实施各种卫生技术，以保证工作质量。

因此，车间的地面应具有一定的坡度，便于废弃物的排出；下水道设计合理；墙壁无死角；保护层光滑、耐腐蚀（特种涂料）；天花板无管道，高度较低。

7.5 灌装线的卫生

对于灌装线，设备越简单，越容易获得良好的卫生状况（李华和刘延琳，2000）。

7.5.1 冲瓶（新瓶的冲洗）

在灌装前，必须对新瓶进行冲洗。冲瓶用水具有决定性的影响，它往往是细菌污染的来源。因此，冲瓶用水必须经过除菌过滤。在冲瓶用水中添加的化学物质有可能在瓶内残留。

在冲瓶前，可先用低浓度的亚硫酸溶液进行冲瓶；也可在冲瓶或洗瓶后在瓶内冲入 SO_2 气体，然后用经除菌过滤的空气将 SO_2 排出。后一种技术适用于新瓶和旧瓶。

7.5.2 洗瓶机与洗瓶（新瓶或旧瓶）

7.5.2.1 洗瓶机

由于外包装种类、酒瓶形状、贴标用胶种类、旧瓶回收的周期等因素的变化及严格的卫生要求，酒瓶的清洗是一个非常复杂的过程。因此，在选择洗瓶机时，必须考虑下列因素：温度、接触时间、瓶的流量、水及去污剂的消耗、能量（电、汽）的耗量等。此外，洗瓶机应便于清洗、检查和调试，以及蒸汽、标签的排出，同时应避免对洗瓶槽直接加热。

对酒瓶清洗的细菌学质量取决于：①洗瓶机的工作条件，如洗瓶槽温度的保持、喷注质量（压力、调节等）、接触时间、去污剂的浓度、水的硬度及需除去的污物等；②洗瓶机本身绝不能成为再污染源。

洗瓶机必须每天检查多次。

目前市场上有自动控制洗瓶机，它可以自动将各种因素调节至事先输入的要求范围。如果购买这类设备，必须保证其自控部分的正常运行。

根据工作原理，洗瓶机可分为两大类：一类是喷淋式洗瓶机，所有的半自动及少数自动洗瓶机属于这一类；另一类是浸泡-喷淋式洗瓶机，绝大多数自动洗瓶机属于这一类。

为了延长洗瓶机的寿命，所有洗瓶机最好配上预清洗设施。预清洗的目的是用水清洗掉酒瓶上大的污物、残留液及灰尘。如果预清洗用的是温水，则可在酒瓶进入热洗瓶槽前进行轻微的加热，从而可降低酒瓶的破碎率。

喷淋式洗瓶机。酒瓶倒置于洗瓶机的喷头上。酒瓶内部的清洗由喷头数次喷射完成；外部的清洗则靠四周的喷洒水。其清洗程序为：预冲洗、温度逐渐升高的去污剂溶液的喷淋、温度逐渐降低的水的冲洗。

有的洗瓶机中，酒瓶是在旋转平台上运动或在平行台上运动，用人工将洗净的酒瓶取走，并放上待洗酒瓶。而另一类洗瓶机中，酒瓶的输送依靠水平输送带完成，脏酒瓶从洗瓶机一端进入，干净酒瓶从另一端出来，酒瓶的放取可以人工也可以机械完成。

一般情况下，半自动喷淋洗瓶机的工作能力可达4500瓶/h。

浸泡-喷淋式洗瓶机。浸泡-喷淋式洗瓶机的工作程序如下：①将酒瓶送入输送带上；②在30～35℃的水槽中浸泡；③进入热水槽以去除酒标，酒标从洗瓶机的底部排出；④倒转酒瓶使之放空；⑤用去污剂溶液内外喷淋；⑥冲洗、沥干并送入输送带。

洗瓶机的有关特征指标：喷嘴直径，1.5～2.5mm；喷淋液量，6～7L/s；冷喷淋压强，1～1.5kg/cm^2；热喷淋压强，2.5～3kg/cm^2；喷淋时间，2～5s；喷淋次数，30～50次（喷淋式）、10～20次（浸泡-喷淋式）；处理温度，浸泡至50℃，喷淋至80℃；处理总时间，10～18min（自动洗瓶机）；每小时耗水量，0.5L/瓶（半自动洗瓶机）、1L/瓶（自动洗瓶机）；每小时耗汽量，3～4kg/100瓶（自动洗瓶机）。

7.5.2.2 洗瓶

洗瓶通常包括浸泡和冲洗两个步骤。浸泡和冲洗的效果取决于以下三方面的因素：①溶液的温度；②酒瓶与溶液接触的时间；③溶液的种类与浓度。

前两个因素较易控制，而且不同的洗瓶机都相对一致。对于第三个因素，除应经常监控外，还应根据不同种类的酒瓶进行选择。

（1）回收酒瓶：应选用1%～3%的盐酸水溶液在40～50℃条件下浸泡，也可加入少量硫酸，然后用温水多次冲洗后，瓶口向下沥干。这一方法也适用于长期存放的酒瓶。

（2）极脏的酒瓶：应先进行刷洗或高压喷淋，然后用清洗回收酒瓶的方法清洗。

（3）装过油的酒瓶：应在稀硫酸和重铬酸钾溶液中长时间浸泡，然后用清水多次冲洗。

（4）装过石油、油漆、松脂等的酒瓶：此类酒瓶不能利用，因为目前还没有有效的方法进行清洗并除去其气味。

7.5.2.3 洗瓶机的清洗与保养

洗瓶机的清洗与保养内容包括：①喷水管及喷嘴的微生物检验。②内壁及零件的结垢检查。③定时检查去污剂的质量和浓度。④定时检查清洗槽及喷水的温度。⑤喷头的校正。⑥链条张力的检查与校正。

7.5.3 灌装机的清洗和消毒

选择灌装机时，必须考虑应便于清洗和消毒。

如果用蒸汽或热水对脏设备进行消毒，则残留物很难被除去，并成为微生物良好的滋生地。因此，在消毒前，用加有化学药剂的水进行清洗以除去色素、酒石等。

7.5.3.1 蒸汽杀菌

杀菌时间为30～60min。所用的蒸汽应经过过滤，以除去从锅炉至灌装机管道中的污物，因为杀菌用蒸汽必须经过灌装机的所有管道和灌头。在关闭蒸汽前，应检查所有蒸汽通道是否关闭，否则，在冷却时有可能由于“吸气”作用，消毒过的部位被重新污染。

7.5.3.2 热水循环杀菌

热水的温度应为65～75℃（用柠檬酸调pH至2.5，含SO_2 100mg/L），与被消毒设备的接触应为50～90min，且在此期间温度的下降幅度不能大于5℃。如果热水的温度为90℃，则可以不使用柠檬酸和SO_2。

7.5.3.3 化学杀菌

化学杀菌可以热杀或冷杀。如果可能的话，最好能使杀菌液循环。这种杀菌方式必须在杀菌后将杀菌剂完全去除。因此，在杀菌后应用细菌学质量优良的水进行冲洗。

无论采用哪种方法，在进行杀菌时，必须严格控制以下因素：①接触时间；②杀菌剂的浓度；③pH；④温度；⑤将所有待杀菌的部位充满。

在每次使用后，必须对灌装机进行清洗和杀菌，在使用前也应进行杀菌。

7.5.3.4 灌装机的清洗与保养

灌装机的清洗与保养内容包括：①每天对酒罐内部及顶盖进行清洗、消毒；②每周对顶盖及虹吸瓶内部刷洗一次；③每周对灌头零件刷洗并在消毒液中浸泡一次；④在每次灌酒后对所有通酒的管道应进行清洗、消毒；⑤检查外部的卫生状况；⑥经常去除酒瓶残渣。

7.5.4 压塞机及木塞的清洗和消毒

7.5.4.1 压塞机的清洗和保养

通常很难保证压塞机良好的卫生状况。因为在压塞过程中，压塞机头上经常溅有葡萄酒。而葡萄酒是微生物良好的培养基。

可用多种方法对压塞机头进行清洗和杀菌，如酒精杀菌、将压塞机头在杀菌液中浸泡、对机头热烤等。但这些方法都不能保证压塞设备的完全杀菌。

7.5.4.2 木塞的准备与杀菌

木塞的无菌包装通常是热封。

在木塞的加工过程中，可有多种方法保证木塞无菌，通常情况下，在木塞成形与定径后，需要先在含氯的溶液中进行消毒，再用适当的溶液清洗以除去残留的氯。此外，还可以对木塞进行涂蜡、涂硅酮等表面处理。

在使用前对木塞进行蒸汽处理，是为了使木塞软化，避免在压塞过程中木塞褶皱，以防漏瓶。

7.6 人员卫生及无菌灌装

7.6.1 人员卫生的基本条件

在灌装车间工作的人员必须穿戴整洁、保持卫生，经常进行相应的培训，以便了解有关微生物学方面的知识。同时，应让他们了解工作过程中的微生物检验结果。此外，还应让工作人员时刻意识到他们所灌装的是人们直接饮用的液体。这样，卫生负责人才能要求工作人员遵守卫生制度并执行严格的清洗计划。

7.6.2 灌装线卫生计划

（1）每天装瓶停止后的清洗和消毒：①葡萄酒通路（对主要元件的拆卸与浸泡）；②外部；③环境（气雾剂、紫外线）。

（2）每天灌装前的清洗和消毒：①清洗溶液的除去；②冲洗；③消毒（蒸汽、无菌水、加酸热水）；④除去最先灌装的几瓶酒（数量为灌头数的 2 倍）。

（3）每周的维修、清洗、消毒：①可拆卸部分的浸泡、清洗、杀菌；②全线清洗、消毒。

7.6.3 无菌灌装

要使葡萄酒在瓶内长期保持稳定，除良好的酿造工艺、适宜的各种处理外，最重要的是使葡萄酒在无菌条件下灌装，尤其是对于含有残糖的葡萄酒。为了实现无菌灌装，必须采取以下措施。

1）*除菌过滤*　在保证下列条件的情况下，利用除菌板（膜）过滤，能保证获得不含酵母的葡萄酒：①使用在无菌条件下贮藏的除菌板（膜）；②在使用前对除菌板进行消毒，如用 100℃的蒸汽处理 20min，或与消毒溶液长时间接触。

2）*灌装设备的清洗*　在每次灌装前必须对所有的管道和灌装机用 2%的亚硫酸溶液进行清洗。但如果是短时间的停顿，则可用消毒后的水进行清洗。此外，每天还必须正确地清洗木塞槽；用 2%的亚硫酸溶液对打塞机头等进行清洗或用酒精烧烤。

3）*酒瓶及木塞的清洗*　酒瓶清洗后，应在 1.5%的亚硫酸溶液中浸泡 1min，然后沥干几分钟。沥干不能在木质周转箱上进行，因为上面很易附着酵母。此外，每天还必须用消毒溶液对用过的酒瓶周转箱进行刷洗。

软木塞应在使用前一天的傍晚，用 1%的亚硫酸温水溶液浸泡至少 6h，然后沥干使用。

皇冠塞可用甲醛消毒。

4）灌装车间的清洗及个人卫生　　灌装车间必须非常卫生。由于酵母是依靠空气中的尘埃传播的，因此除应防止任何脏物从外界进入外，还应经常用经消毒的水使地面、墙壁和其他干物品湿润，以防止形成灰尘。应除去所有不必要的物品，并防止葡萄酒的渗漏和溅出。

最好的方式是将灌装机及打塞机装入有空气消毒装置的密封厅中，操作人员必须衣着整洁，并防止人员在灌装车间穿行。

在灌装车间的工作人员，必须穿合身的白大褂，头戴白色卫生帽，或最好穿白色的摩托车服。这些衣物除了应该经常清洗外，还应存放在特殊的衣柜中。

此外，工作人员还应戴塑料手套。塑料手套也应经常在消毒液中浸泡（李华和刘延琳，2000）。

本章小结

葡萄酒灌装前，不但要对灌装设备进行清洗和消毒，还应通过物理方法和必要的化学方法除去葡萄酒中的自然微生物。

除去微生物的化学方法有 SO_2 法和山梨酸法。但山梨酸只可抑制真菌（霉菌、酵母），对细菌毫无作用。山梨酸必须与 SO_2 结合使用。

除去微生物的物理方法有热杀菌、离心除菌与过滤除菌。葡萄酒常用的热杀菌包括巴氏杀菌、瞬间巴氏杀菌、热装瓶和瓶内巴氏杀菌。在优质葡萄酒的生产中，过滤除菌的应用越来越广泛。

葡萄酒的灌装应遵循无菌灌装规范。

主要参考文献

李华，刘延琳，2000. 葡萄酒卫生学. 西安：西安地图出版社

李华，王华，2017. 葡萄酒酿造与质量控制手册. 咸阳：西北农林科技大学出版社

李华，王华，袁春龙，等，2007. 葡萄酒工艺学. 北京：科学出版社

李靖，胡文忠，2013. 微波灭菌对干红葡萄酒质量影响的初步研究. 食品工业科技，15：144-146

张春晖，李华，2003. 葡萄酒微生物学. 西安：陕西人民出版社

Clodoveo M L，Dipalmo T，Rizzello C G，et al，2016. Emerging technology to develop novel red winemaking practices：An overview. Innovative Food Science and Emerging Technologies，38：41-56

Englezos V，Rantsiou K，Cravero F，et al，2019. Minimizing the environmental impact of cleaning in winemaking industry by using ozone for cleaning-in-place（CIP）of wine bottling machine. Journal of Cleaner Production，233：582-589

Yang N，Huang K，Lyu C，et al，2016. Pulsed electric field technology in the manufacturing processes of wine，beer，and rice wine：A review. Food Control，61：28-38

8 危害分析及控制措施：HACCP 原理的应用

葡萄酒适应市场需求的过程涉及葡萄酒生产过程的变化。现在的分析方法可以检测到痕量的对消费者健康有害的成分。在大众的心目中，葡萄酒仍然是传统方法的产物，没有病原体，也不存在任何健康问题。但是消费者现在很容易获得详细的信息，让他们对葡萄酒的安全问题有所了解。所遇到的内容有时是令人担忧的，并产生了许多疑问，这可能会损害产品的形象。面对这一挑战，为了支持法国葡萄酒生产商，并响应欧盟的规定，法国葡萄与葡萄酒研究所（Institut Français de la Vigne et du Vin，IFV）与法国专业组织共同制定了《良好卫生规范指南》（Guide to Good Hygiene Practices，GGHP），其中包括对葡萄酒行业的危害分析。其目的是为所有企业提供经法国当局批准的参考文件，并汇集危害分析与关键控制点（hazard analysis and critical control point，HACCP）的大部分原则，以减轻小型企业的负担。无论企业规模和生产的葡萄酒类型如何，《良好卫生规范指南》详细介绍了葡萄酒行业的每个企业必须实施的基本良好操作。它还描述了危害分析和针对每种危害的具体建议，并给出了管控这些危害的建议和工具（Camponovo and Riou，2016），值得我们借鉴。

我国也借鉴 ISO 22000《食品安全管理体系　食品链中各类组织的要求》先后制定了 GB/T 19538—2004《危害分析与关键控制点（HACCP）体系及其应用指南》和 GB/T 27341—2009《危害分析与关键控制点（HACCP）体系　食品生产企业通用要求》。本章的主要内容就是根据法国《良好卫生规范指南》起草委员会编写的《葡萄酒良好卫生规范指南——风险评估和控制方法》（Comité de Rédaction，2016）、GB/T 19538—2004 和 GB/T 27341—2009 编写的。

HACCP 体系以科学性和系统性为基础，识别特定危害，确定控制措施，以确保食品的安全性。HACCP 是一种评估危害和建立控制体系的工具，着重强调对危害的预防，而不是主要依赖于对最终产品的检验。任何 HACCP 体系应当具有适应变化的能力，如设备设计、加工方法及技术发展等方面的改进。

HACCP 体系可应用于从初级生产到最终消费整个食品链中，它的运用应以对人体健康风险的科学证据为指导。在提高食品安全性的同时，实施 HACCP 体系也能带来其他明显的好处。此外，HACCP 体系的应用有助于政府管理机构实施检查，并通过提高食品安全的可信度促进国际贸易（GB/T 19538—2004）。

HACCP 就是识别、评估和控制与食品安全有关的重大危害的系统，由食品的危害分析（hazard analysis，HA）和关键控制点（critical control point，CCP）两部分组成（杨和财和王华，2014）。危害是指食品中所含有的对健康有潜在不良影响的生物、化学或物理因素或食品存在的状态；危害分析，即对危害及导致危害存在条件的信息进行收集和评估的过程，以确定出食品安全的显著危害，它是建立在良好卫生操作基础之上的。HACCP 原理的应用涉及 12 个步骤的工作，分为 3 个阶段（表 8.1）。

表 8.1 HACCP 原理

步骤	阶段
步骤 1：建立 HACCP 小组 步骤 2：描述产品 步骤 3：确定产品的预期用途 步骤 4：绘制流程图 步骤 5：现场检验流程图	（1）小组、产品和流程描述 建立研究框架
步骤 6a：列出所有潜在危害 步骤 6b：进行危害分析 步骤 6c：确定控制措施	（2）危害分析 确定要监控的危害
步骤 7：确定关键控制点（CCP） 步骤 8：为每个关键控制点设置一个关键限值 步骤 9：为每个关键控制点建立一个监控系统 步骤 10：采取纠偏措施 步骤 11：建立验证程序 步骤 12：建立文件和记录保持系统	（3）控制措施的实施 确定控制和监控需监控的危害的措施

任何影响 HACCP 计划有效性因素的变化，如产品配方、工艺、加工条件的改变等都可能影响 HACCP 计划的改变，要对 HACCP 计划进行确认、验证，必要时进行更新（GB/T 27341—2009）。

为了适应所有企业，包括小微企业，应建立灵活的 HACCP 系统。HACCP 要求应考虑到食品法典中规定的原则。特别是，必须认识到，在某些食品企业中，不可能确定关键控制点，在某些情况下，良好卫生操作可以取代对关键控制点的监控。同样，规定“关键限值”的要求并不意味着在每一种情况下都必须规定一个数字限度，它是区分产品可接收或不可接收的判定标准。此外，保留文件的要求必须灵活，以免给小微企业造成不合理的负担。

8.1 小组、产品和流程描述

8.1.1 建立 HACCP 小组

应当首先组建 HACCP 小组，以进行危害分析和实施控制措施。这一步骤与有关食品安全政策建议和公司责任的定义相联系，这个小组应该是负责食品安全的小组（见 1.4 节）。

8.1.2 描述产品及其预期用途

HACCP 小组将负责描述所生产的各种产品，包括 pH、酒精含量、成分（原材料等）及其预期用途（消费条件、开瓶等），以便进行危害分析。例如，没有必要考虑静止葡萄酒的压力容器的危害。如果希望在同一系统中管理对消费者健康没有影响的监管标准，就应完整地描述产品的颜色、名称、地理标志和标签等。

8.1.3 绘制流程图并进行现场验证

操作图应包括输入品和实现的技术。在适当的情况下，可以用要监测和记录的项目来补充图表（图 8.1）。

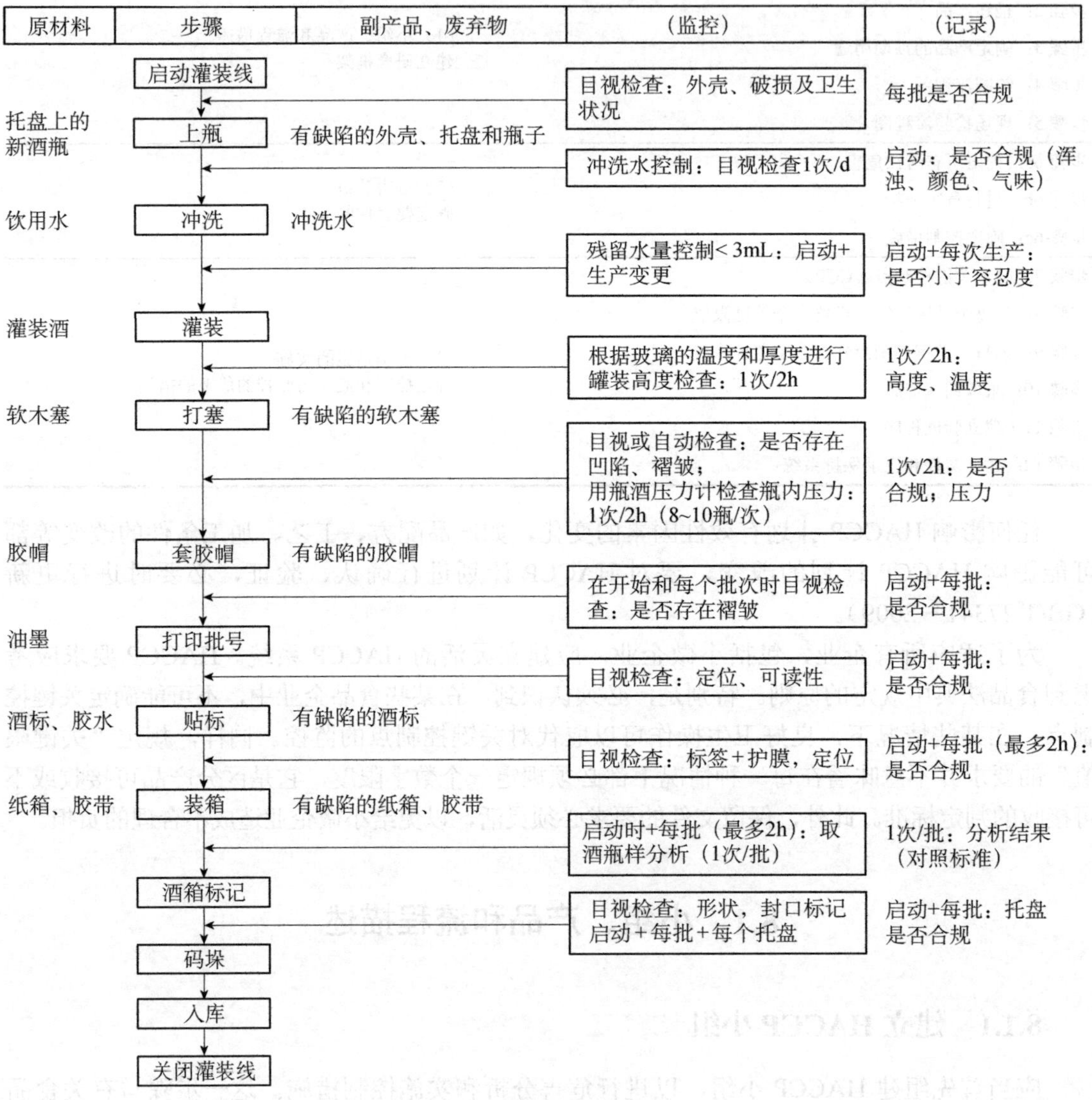

图 8.1 灌装流程图示例

8.2 危 害 分 析

遵循 HACCP 的步骤，每个企业都必须进行危害分析，即列出所有潜在危害并进行危害分析。在这种情况下，操作者应根据 HACCP 原理，用自己的数据证明其考虑危害的理由。可以利用本书中提供的信息做到这一点。

例如，在进行技术改造，根据客户需求对工艺流程进行重大调整时，必须能使其卫生安全组织适应最新的情况和要求。

在进行危害分析时，也可参考本书和《葡萄酒良好卫生规范指南—风险评估和控制方法》（Comité de Rédaction，2016）中所列的危险清单，其中列出的是已经验证了的已识别危害，目的是简化企业对 HACCP 的实施。在这种情况下，操作者可根据自身企业的情况来选择与自己的操作相关的危害。如果操作者能够证明他不受某些危害的影响，他可以将其从危害表中删除。例如，如果在其生产过程不使用亚铁氰化钾处理，就应将亚铁氰化钾从危害表中删除。这样，所有企业就能够根据其具体情况（工艺、组织、地理位置等）调整危害清单。

本书根据《葡萄酒良好卫生规范指南—风险评估和控制方法》总结了目前已发现的危害。因此，读者必须注意新出现的危害，特别是注意本书的更新情况。

ISO 22000 的应用允许考虑实践和技术的发展，因为它鼓励在特定的时间间隔内（通常是 3 年，或者在操作发生重大变化时）修改危害分析。一般来说，这是由食品安全小组在持续改善的过程中提出的。

8.2.1 危害评估方法

HACCP 小组应针对识别的潜在危害，评估其发生的严重性和可能性，如果这种潜在危害在该步骤极可能发生且后果严重，则应确定为显著危害。

应保持危害评估依据和结果的记录（GB/T 27341—2009）。

《葡萄酒良好卫生规范指南—风险评估和控制方法》对消费者潜在危害的评估是由专门的工作组进行的，涉及用于消费的葡萄酒的生产。对于每一个已识别的危害，它通过应用良好操作（BP）来确定其是否能在成品葡萄酒中消除或减少到可接受水平，或者是否需要特定的控制来实现这一点。

每一种与消费者安全有关的危害都是根据其对健康的不利影响的严重度及其在最终产品中发生的可能性（已证实的消费者事故和超过关键限值）来评估的。

根据葡萄酒企业使用的产品种类、过程类型和加工设施，确定了与葡萄酒安全有关的所有合理预见的危害，并对分析结果进行了验证。

危害的识别和评估应基于：①关于葡萄酒的特性、预期用途和生产方法的初步资料及收集的数据；②工作组成员和其他专家的经验；③流行病学和其他历史数据；④来自其他农业食品部门的信息。

在 0～3 选择所评估危害对健康影响的严重度。每一种食品安全危害都是根据其对健康不利影响的严重度进行评估的。这些数据来自毒理学试验中发表的研究成果。严重度的评估如表 8.2 所示。

表 8.2 评估对健康影响严重度（纯化合物）的评分表

分值	评价	标准
0	无	根据目前的知识状况，对消费者健康没有影响

续表

分值	评价	标准
1	小	怀疑但未证实或良性可逆后果
2	大	不可逆转的良性后果或不可逆转的严重后果
3	严重	严重和不可逆转的后果，可能导致死亡

在1～4选择所评估危害对健康影响的频率。频率是对成品中出现危害的概率的估计。对于某些危害（如酒瓶破碎），其影响是显而易见的，很容易看出问题出在一瓶葡萄酒上，就像自己划伤了一样。在这种情况下，应根据实际观察到的可归因于葡萄酒消费的事故来估计频率。

对于其他物质（如SO_2、氨基甲酸乙酯等），其对健康的影响可能发生在长期（几年或几十年）摄入一定数量后。最危险的物质（如铅）可能会在体内积聚，导致其数量在人的一生中不断增加。这些危险物质中的大多数也存在于许多其他食品中。因此，这些危害并不是葡萄酒所特有的。

在某些情况下，法规规定了最大限度，以确保其中一些化合物的存在量低于为保护消费者健康而规定的最大允许剂量。在这些情况下，所考虑的限制是相应法规的限制。

如果没有法规限制，在某些情况下可使用OIV建议的限制。对于这些危害，频率可以与超过最大允许限度的次数相比较。超过这个限度被认为是一个意外。

作为第一步，小组评估了由于饮用葡萄酒而暴露于这种危险后发生事故的频率。然后，如果葡萄酒中存在最高浓度限制，则确定超过规定浓度限制的频率。最后，选择两个频率中较大的一个来确定风险。这个频率是根据表8.3评估的（Comité de Rédaction，2016）。

表8.3 评估事故发生频率的评分表

分值	评价	标准
1	不可能	在过去30年从未观察到，或在过去30年没有超过监管限制，或在技术上不可能
2	很少	在过去10年里，没有记录在案的案例，或者在过去10年里没有超过监管限制
3	可能	在过去3年内，至少有一宗案例或超过法定上限
4	经常	每年有数宗已登记的案例或数宗超过法定上限的案例

风险等级的计算方法是将严重度分数乘以频率分数（表8.4）。

表8.4 风险等级计算

频率		严重度			
		3 严重	2 大	1 小	0 无
1	不可能	3	2	1	0
2	很少	6	4	2	0
3	可能	9	6	3	0
4	经常	12	8	4	0

对于风险等级低于4的危害，食品安全小组认为，在大多数企业中，良好操作足以确

保消费者的安全。对于风险等级为4或以上的危害，食品安全小组认为应监测和采取具体的控制措施（Comité de Rédaction，2016）。

8.2.2 已识别的危害清单及评估结果

对于每一个潜在的危害，都建立了一个数据集，以便确定与葡萄酒行业有关的危险，并确定指南的范围。工作组对每一种潜在危险进行了评估，并给予了严重度和频率等级。

表8.5列出了对葡萄酒中每种潜在危害的评估结果。这包括专家评估的严重度和频率及计算的风险水平。在注释中给出了消费者接触频率的主要特征。

表8.5 葡萄酒危害分析表（Comité de Rédaction，2016）

危害	严重度	频率	风险等级	注释
有关地区的赭曲霉毒素A	3	4	12	在登记的消费者中没有发现事故。在某些地区，每年有几次超过法定限量
SO_2 作为过敏原（>10mg/L）适用于相关人群	3	4	12	每年在敏感消费者中发生几起事故。大多数葡萄酒的含量超过10mg/L
SO_2 作为添加剂，超过认可剂量	2	4	8	在登记的消费者（不包括敏感消费者）中未发生事故。每年超过法定限量的次数
亚铁氰化钾处理后氰化衍生物的存在	3	3	9	在登记的消费者中没有发生事故。在过去的三年里至少有一次亚铁氰化物或衍生物的案例
单乙二醇或二乙二醇基传热流体（冷却回路泄漏）	3	4	12	在登记的消费者中没有发生事故。每年有几次超过OIV的建议含量
以一丙二醇、氯化钙或原水为基础的传热流体	0	4	0	对消费者没有危险。每年有几次泄漏
处理过的水用作传热介质	1	4	4	在登记的消费者中没有发生事故。每年有几次泄漏，而且数量可观
生物胺（生产过程中产生）	3	1	3	对一部分人来说，这是一个明显的危险。在过去的30年里，没有令人担忧的含量
氨基甲酸乙酯	3	1	3	在登记的消费者中没有发生事故。没有监管限制。在过去的30年里，没有发现任何令人担忧的含量
甲醇	3	1	3	除欺诈外，在登记的消费者中没有发生意外。含量低于OIV建议
乙醛（非敏感消费者）	3	1	3	在过去的30年里，没有发生过消费者事故。没有监管限制
乙醛（敏感消费者）	3	4	12	每年有几个反应案例
高级醇	1	1	1	在登记的消费者中没有发生事故。没有监管限制。在过去的30年里，没有发现任何令人担忧的含量
病原	3	1	3	在登记的消费者中没有发生事故。历史和科学数据（pH低，酒精含量高）证实了不含病原菌。在过去的30年里，没有发现任何令人担忧的含量
丙烯醛	2	1	2	在登记的消费者中没有发生事故。没有监管限制。在过去的30年里，没有发现任何令人担忧的含量。一种感官上的缺陷，这种缺陷已经被该行业的操作所克服，现在已经消失了

续表

危害	严重度	频率	风险等级	注释
过敏原：蛋白质（酪蛋白、蛋清、溶菌酶、小麦植物蛋白）（非过敏消费者）	0	1	0	对消费者没有危险。在过去的30年里，对于非过敏性白兰地消费者来说，没有什么值得关注的
过敏原：蛋白质（酪蛋白、蛋清、溶菌酶、小麦植物蛋白）（过敏消费者）	3	4	12	在过去的30年里，没有发生过消费者事故。每年有几宗超过法定限量的案件
压力容器的危害（意外弹塞）	2	4	8	每年有几起记录在案的瓶子爆炸或塞子意外弹出的案件
存在异物，玻璃破碎	2	3	6	在过去的10年里，没有发生过消费者事故。在过去三年，至少有一宗因玻璃破损而被召回的个案
农残	3	2	6	酿酒葡萄低于规定限量。在过去的10年里，没有发生过消费者事故，也没有超过限量的案例。有一个因相关标准变化超过限量的案例
适用于意外食物接触的保养及润滑产品残余物（塞子等）	0	4	0	在登记的消费者中没有发生事故。每年有几个意外接触的记录案例。事故发生时含量可忽略不计。适用于意外接触的产品
不适合意外食物接触的保养及润滑产品残余物（千斤顶油、工业油脂等）	2	4	8	在过去的10年里，没有发生过消费者事故。每年报告的若干有关数量的病例：超过分析检测限度
洗涤剂和杀菌剂的残留物	3	1	3	在登记的消费者中没有发生事故。没有监管限制。在过去的30年里，没有令人担忧的数量：产品受监管且冲洗有问题时被大量稀释
二噁英	3	1	3	在登记的消费者中没有发生事故。主要来源是农场以外的大气。在过去的30年里，没有令人担忧的含量。含量可以忽略不计，因为它在水溶液中几乎不溶
放射性元素	3	1	3	在登记的消费者中没有发生事故。源于生产场所外部大气。在过去的30年里没有出现令人担忧的含量
铅	3	3	9	在登记的消费者中没有发生事故。在过去3年内，至少一例超过法定限量
铅以外的微量金属元素	3	1	3	在登记的消费者中没有发生事故。没有监管限制。在过去的30年里，没有什么值得关注的
多环芳烃	3	1	3	在登记的消费者中没有发生事故。没有监管限制。在过去的30年里，没有令人担忧的水平，可以忽略不计

在了解了法国葡萄酒行业的危害分析后，每家企业可选择与自己相关的危害。在选择时只保留与所生产的产品有关的部分，并删除可能不存在的危害。例如，如果不用亚铁氰化钾或蛋白质来源的过敏原的话，可将其从危害清单中删除。同时应使频率适应实际操作或产品的特性（区域、生产方法等）。例如，赭曲霉毒素A（OTA）仅适用于某些地区；只有起泡酒才有专用压力容器等。

调整危害时必须合理，并考虑到下列因素：①所生产产品的特性、预期用途和生产方法的初步资料及收集的数据；②食物安全小组成员的经验；③流行病学和其他历史数据；④来自其他农业食品部门的信息。

8.3 控制措施的实施

在制定控制措施时，工作小组参考了 ISO TS 22004 标准。这些措施可分为以下三组。

（1）良好操作（good practices，GP）：在整个食物链中维持适合生产的卫生环境所需的所有基本条件和活动。选择 GP 不是为了控制已识别的特定危害，而是为了维护生产、加工和（或）处理的卫生环境［如葡萄园良好操作（good practices of vineyard，GPV）、酒窖良好卫生操作（good hygienic practices of cellar，GHPC）、良好生产规范（good production practices，GPP）］。

（2）良好操作规范（good manufacturing practices，GMP）（见附件 2）：消除或维持危害在可接受水平所需的特定控制措施或措施组合，而这些措施或措施组合并非由 HACCP 计划管理（见 8.4 节的例子）。

（3）HACCP 计划确定的关键控制点（CCP）的具体控制措施：以将确定的危害降低到可接受的水平。因此，关键控制点是一个可以实施控制措施的阶段，对于预防或消除与产品健康安全相关的危害至关重要，并足以将其降低到可接受的水平。

良好操作旨在为生产创造适当的卫生环境。它们不适用于特定的危险，但它们的应用使我们能够控制葡萄酒产业中存在的大多数危险。

良好操作规范，如关键控制点需要建立一个监控系统来证明其有效性。在发生偏差的情况下，必须采取纠偏措施。HACCP 计划和良好操作规范专门针对评估表明需控制的危害（显著危害）。如果可以对控制措施的运行情况进行持续监控，并与关键限值进行比较，则相应的步骤就是关键控制点，控制措施就是 HACCP 计划的一部分。如果没有持续的监控，这就是良好操作规范。

关键限值不一定是数值的，它也可以用“存在/不存在”来定义。例如，不可能对每瓶葡萄酒中的 SO_2 含量进行分析，但是，在装瓶前对葡萄酒中 SO_2 含量的分析和对酒罐中均匀性的检查可以被认为是一种持续监测这种危害的方法。根据解释，这些控制措施要么是良好操作规范，要么是 HACCP 计划的组成部分，在这种情况下，这一步骤就成为关键控制点。在这两种情况下，都需要监测和记录。

从这个阶段开始，可以使用以下判断树（图 8.2）来决定控制措施。

这种判断树只供参考，在阻塞的情况下，它也不能代替正确的方向。此外，还有其他类型的判断树或决策方法（Comité de Rédaction，2016）。

8.3.1 确定控制措施

对判断树问题 1 的回答区分了需要采取具体监控措施的危害（需监控的危害）和良好卫生操作就能解决的危害（非监控的危害）。

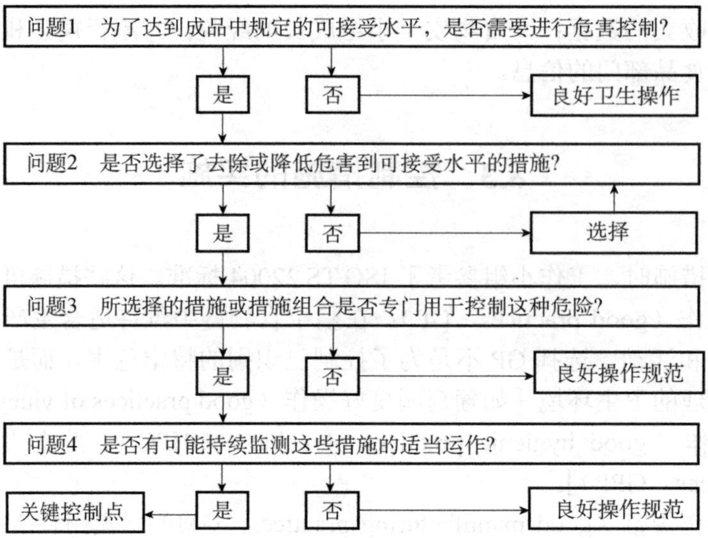

图 8.2 定义控制措施的判断树

如果对判断树问题 1 的回答是“否”，良好卫生操作就足以实现这些目标（图 8.3）。危害控制对于将危害限制在成品葡萄酒可接受的水平是没有必要的。对这类未查明的危害的分析结果，风险等级小于 4（表 8.6）。其危害控制，可止步于问题 1。

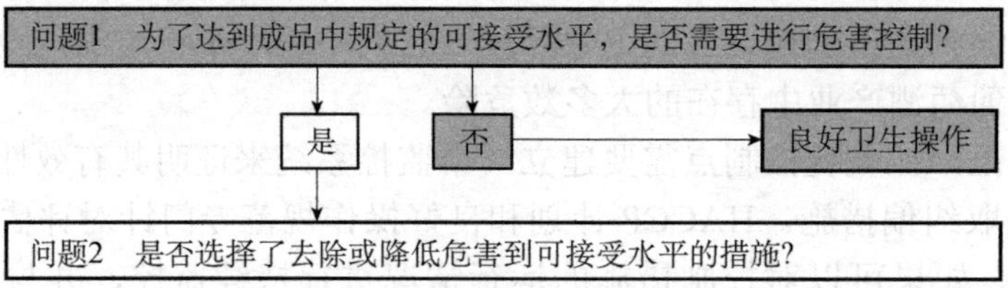

图 8.3 判断树问题 1 的回答是“否”

表 8.6 非监控危害摘要（Comité de Rédaction，2016）

最终产品	非监控的危害		
	化学	生物	过敏
葡萄酒	—特定管理的危害：二噁英，放射性元素，微量金属元素 —洗涤剂和杀菌剂的残留物 —以一丙二醇或氯化钙为基础的传热流体 —乙醛 —丙烯醛 —氨基甲酸乙酯 —高级酒精 —甲醇 —乙醛（对非敏感消费者而言）	—生物胺 —病原	—SO_2 <10mg/L

企业可根据自身情况，自愿选择对其中某些危害施加额外的限制（如自愿限制低于法定水平），并将其列入需监控的危害清单。

如果对判断树问题 1 的回答是“是”，为了控制这些危害，必须采取与良好卫生操作相辅相成的控制措施（图 8.4）。这些是危害分析风险等级大于或等于 4 的危害（表 8.7）。

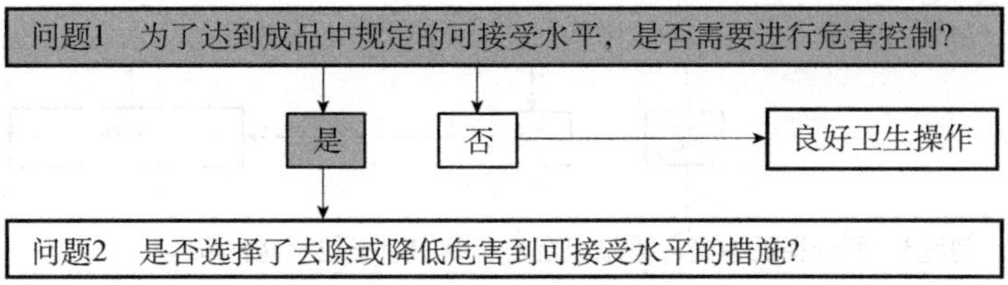

图 8.4 判断树问题 1 的回答是“是”

表 8.7 需监控的危害摘要（Comité de Rédaction，2016）

最终产品	需监控的危害			
	化学	生物	物理	过敏
葡萄酒	—SO_2 —氰化物衍生物 —以一乙二醇、二乙二醇为基础的传热介质和处理过的水 —维修产品 —铅 —乙醛（对敏感消费者而言） —农残	—赭曲霉毒素 A	—玻璃碴 —压力容器	—以牛奶或鸡蛋为基础的酒类产品和工艺，适用于过敏消费者 —过敏消费者 SO_2>10mg/L

对于需监控的危害，需要定义公司可接受的水平。根据以上评估结果，企业可进行快速的初步筛选，以便将重点放在生产链中的相关危害上。在采取进一步行动之前，有必要在企业内预先确定每一种危险的可接受水平。可接受危害水平是指产品被接受或拒绝的值。它是根据法律、客户或内部要求制定的。遵守法定水平是强制性的。可接受的水平应至少为法规规定的水平，它也可以在自愿的基础上以更严格的方式定义，以满足企业特定的规范或食品安全政策。因此，所选择的可接受水平可能比监管水平（客户要求、自愿目标）更具限制性。

在这个阶段，对于问题 2～4，只涉及需监控的危害。

如果对判断树问题 2 的回答是“否”，就应制定相应的去除或降低危害到可接受水平的措施（图 8.5）。8.4.1～8.4.9 中的详细工具箱表提供了所涉及各个阶段的控制措施的例子，以及这些措施的可能分类。企业必须将适合其业务的测量值放入工具箱中，并在必要时用自己的测量值进行补充。

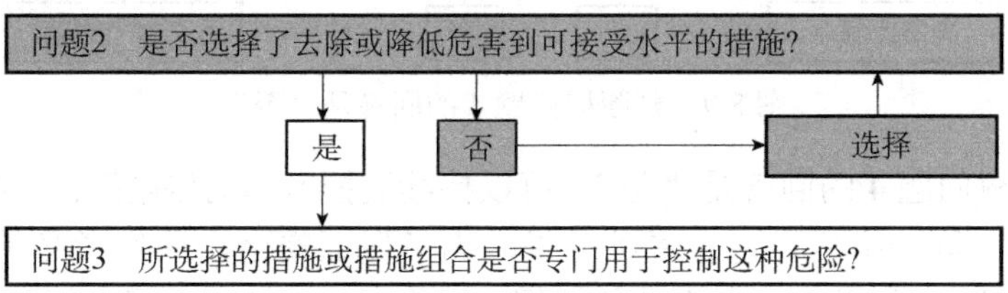

图 8.5 判断树问题 2 的回答是“否”

如果对判断树问题 2 的回答是“是”，说明企业已经采取了控制措施，将风险降低到了可接受的水平（图 8.6）。转到问题 3。

8.3.2 确定关键控制点

如果对判断树问题 3 的回答是“否”，就应在良好操作规范中制定专门用于控制该类

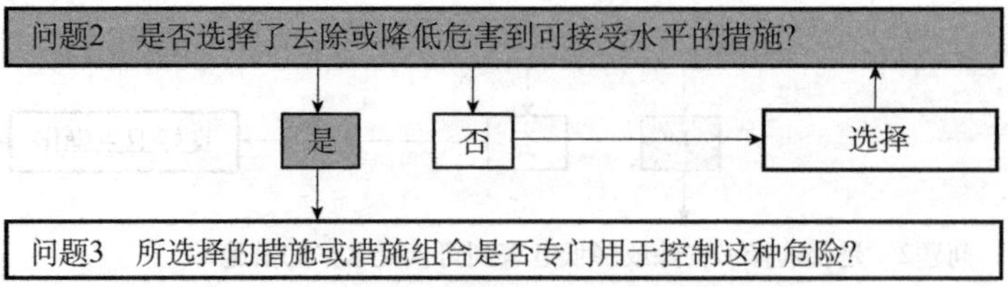

图 8.6 判断树问题 2 的回答是“是”

危害的措施或措施组合（图 8.7）。因此，如果在这一水平上进行特别监控，所有在限制风险方面发挥作用的良好卫生操作都可能成为良好操作规范。

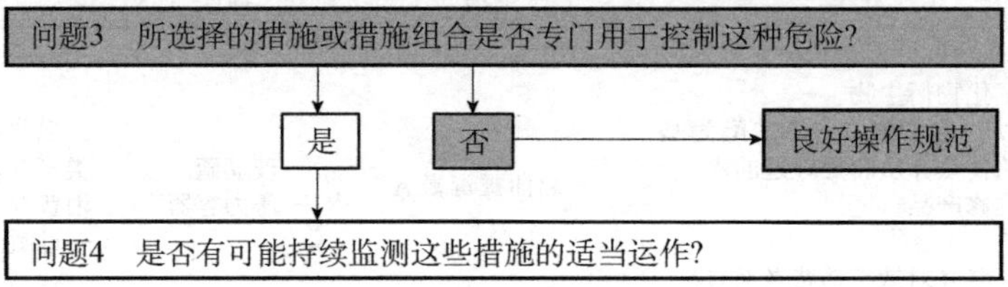

图 8.7 判断树问题 3 的回答是“否”

如果对判断树问题 3 的回答是“是”，则转至问题 4（图 8.8）。

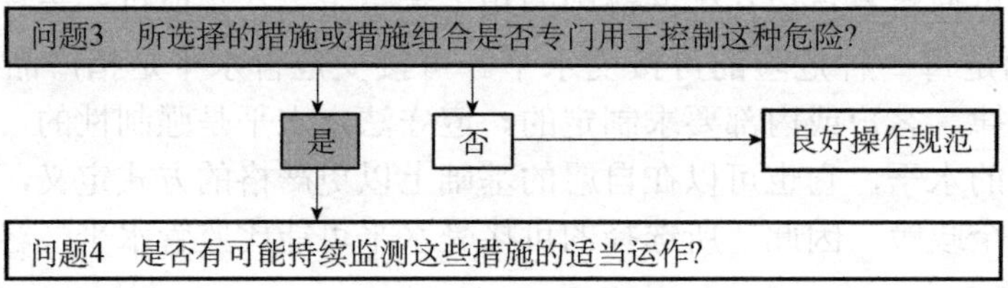

图 8.8 判断树问题 3 的回答是“是”

如果对判断树问题 4 的回答是“否”（即不可能持续监测），则应通过良好操作规范进行监控（图 8.9）。

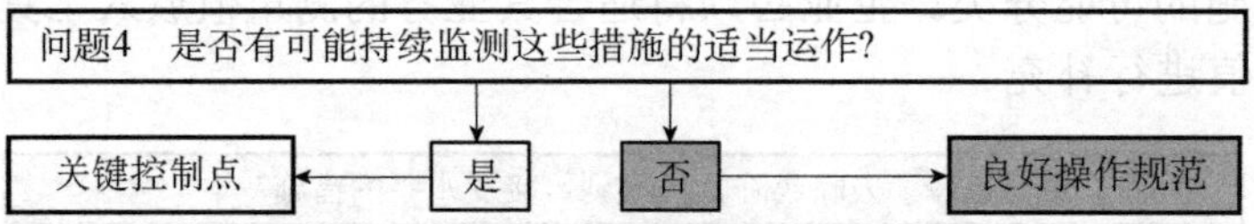

图 8.9 判断树问题 4 的回答是“否”

如果对判断树问题 4 的回答是“是”（可以持续监控），则控制措施为 CCP（图 8.10）。根据企业的不同，同一措施可以有多种分类。为了保证安全，操作者必须选择每一种措施的类型和监控的程度。因此，通过企业的组织，操作者间接地决定了良好卫生操作（GHP）、良好操作规范（GMP）、关键控制点（CCP）的管理方式（见问题 3 和问题 4）。

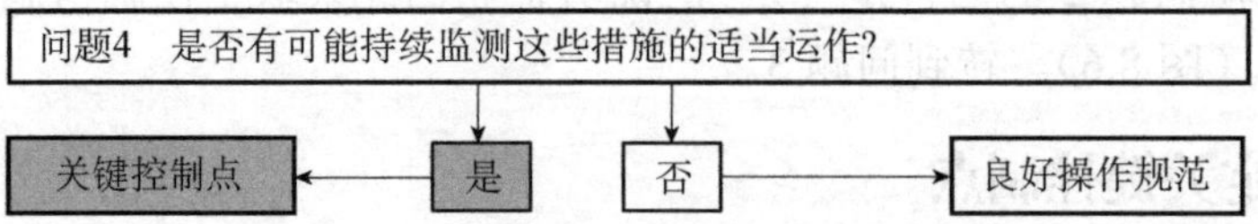

图 8.10 判断树问题 4 的回答是“是”

注 1：危害可以通过 GP、GMP 和（或） CCP 的组合措施进行控制。

注 2：在危害分析中被列为“需监控”的危害，除 GHP 外，还由一个或多个 GMP 或 CCP 管理，因为它们需要进行监控。

注 3：在葡萄酒行业，可能没有 CCP。

8.3.3 为每个 CCP 设置一个关键限值

对于每个需要分析的 CCP，应设定相应的关键限值并能持续监控。一个 CCP 可以有一个或一个以上的关键限值。超过这一限值，产品就不合格，必须采取纠偏措施。同样，对于每个良好操作规范，必须设置产品被认为不合格限值。

8.3.4 为每个 CCP 建立一个监控系统

企业应针对每个 CCP 制定并实施有效的监控措施，保证 CCP 处于受控状态；监控措施包括监控对象、监控方法、监控频率、监控人员。

监控对象应包括每个 CCP 所涉及的关键限值；监控方法应准确、及时；监控频率一般应实施连续监控，若采用非连续监控时，其频次应能保证 CCP 受控的需要；监控人员应接受适当的培训，理解监控的目的和重要性，熟悉监控操作并及时准确地记录和报告监控结果。

当监控表明偏离操作限值时，监控人员应及时采取纠偏，以防止关键限值的偏离。

当监控表明偏离关键限值时，监控人员应立即停止该操作步骤的运行，并及时采取纠偏措施（GB/T 27341—2009）。

法规要求为每个 CCP 建立一个监控系统，但 ISO 22000 也要求对良好操作规范进行监控。对于每一个控制措施，相应工具箱都给出了监控的例子（Comité de Rédaction，2016）。

8.3.5 采取纠偏措施

如果超过关键限值或不符合规定，应采取纠偏措施，以隔离不合格产品或使其合格，防止进一步失控。根据具体情况，分析不合规的原因，并采取有效的纠偏措施。

8.3.6 建立验证程序

应定期检查所建立的系统是否正常运行，即所描述的控制措施是否得到适当实施。如果系统发生变化，也必须进行验证，并在必要时进行调整。

验证程序应包括：验证依据和方法、验证频次、验证人员、验证内容、验证结果及采取的措施、验证记录等。

验证的结果需要输入管理评审中，以确保这些重要数据资源能被适当考虑并对整个 HACCP 体系持续改进起作用；当验证结果不符合要求时，应采取纠正措施并进行再验证（GB/T 27341—2009）。

8.3.7 建立文件和记录保持系统

（企业）应保持 HACCP 计划的制定、运行、验证等记录。HACCP 计划记录的控制应与体系记录的控制一致。

HACCP 计划的记录应包括相关信息。验证记录应至少包括的信息如下。

（1）产品描述记录：企业名称和地址、加工类别、产品类型、产品名称、产品配料、产品特性、预期用途和顾客对象、食用（使用）方法、包装类型、贮存条件和保质期、标签说明、销售和运输要求等。

（2）监控记录：企业名称和地址、产品名称、加工日期、操作步骤、CCP、显著危害、关键限值（操作限值）、控制措施、监控方法、监控频率、实际测量或观察结果、监控人员签名和监控日期、监控记录审核签名和日期等。

（3）纠偏记录：企业名称和地址、产品名称、加工日期、偏离的描述和原因、采取的纠偏措施及结果、受影响产品的批次和隔离位置、受影响产品的评估方法和结果、受影响产品的最终处置、纠偏人员签名和纠偏日期、纠偏记录审核签名和日期等。

（4）应保持 HACCP 计划应有的记录。例如，应保持验证活动记录的主要有：HACCP 计划修改记录、半成品和成品定期检测记录、CCP 监控审核记录、CCP 纠偏审核记录、CCP 现场验证记录等（GB/T 27341—2009）。

8.4 需监控的危害控制措施实例

8.4.1 赭曲霉毒素 A（OTA）

OTA 工具箱见表 8.8（Comité de Rédaction，2016）。

表 8.8 OTA 工具箱

步骤	危害来源	控制措施	操作分类			监测措施	纠正措施	记录文件
			GHP	GMP	CCP			
生产	环境：葡萄园健康状况不佳	葡萄园的良好操作	x					地块记录；栽培操作记录；观测记录；气象记录
	工作人员：缺乏葡萄园 OTA 的管理知识	操作人员培训	x					培训计划
采收/运输	操作方法：设备卫生不良污染	运输设备的清洗/消毒程序	x					清洗/消毒计划
接收	操作方法：采收受污染或健康状况不佳的葡萄	提早采收	x					成熟度研究；采收日期和方法；输入记录；酒窖规范；酒窖记录册；分析报告
	原料：购买受污染或健康状况不佳的葡萄/葡萄汁	供应商规格		x		分析检查；检查供应商的良好卫生操作	拒绝不符合规格的批次；通知供应商；更换供应商	供应商规格；输入记录；酒窖记录册；分析报告

续表

步骤	危害来源	控制措施	操作分类			监测措施	纠正措施	记录文件
			GHP	GMP	CCP			
操作和发酵前处理	操作方法：干缩过程中 OTA 的产生	干燥容器的卫生； 将葡萄单层排列，避免葡萄串重叠； 促进葡萄所有部分逐步和均匀干燥； 控制果蝇； 在户外干燥时，在通风良好的条件下干燥，并在夜间覆盖葡萄，防止湿气凝结	x					清洁/消毒计划； 酒窖规范； 酒窖记录册； 分析报告
	操作方法：澄清和浸渍过程中的萃取	避免使用果胶溶解酶； 最好是通过过滤、离心和浮选来快速澄清	x					
	操作方法：加热过程中提取	在有危险的情况下限制加热	x					
	操作方法：浸渍过程中葡萄醪产生 OTA	如果葡萄有 OTA 的高风险，避免浸渍或短时间浸渍	x					
发酵	操作方法：浸渍过程中葡萄醪产生 OTA	评估酿造桃红而不是红葡萄酒的可能性	x					酒窖规范； 酒窖记录册； 分析报告
压榨	操作方法：加压提取	用小压力、小体积快速压榨； 避免连续压榨	x					
陈酿	原材料：过量	如果符合产品目标： 带酒泥陈酿； 活性炭处理； 与其他酒调配	x					酒窖规范； 酒窖记录册； 分析报告； 调配规范
装瓶	原料：在灌装槽中过量	灌装前控制含量		x	x	灌装槽中葡萄酒 OTA 含量分析	隔离受污染的批次； 检讨生产方法	分析报告

注：GHP. 良好卫生操作；GMP. 良好操作规范；CCP. 危害控制点；x 表示需要进行该操作

8.4.2 农残

农残工具箱见表 8.9（Comité de Rédaction，2016）。

表 8.9 农残工具箱

步骤	危害来源	控制措施	操作分类 GHP	操作分类 GMP	操作分类 CCP	监测措施	纠正措施	记录文件
生产	操作方法：产品误用，不符合建议	葡萄园良好操作		x		栽培规范；农药记录册		地块记录；栽培操作记录；观测记录；气象记录
	员工：缺乏知识	操作人员培训		x				培训计划
接收，调配	原料：购买超过限量转移系数为 1 的葡萄原料/葡萄酒葡萄	供应商承诺遵守《良好卫生操作指南》中描述的良好操作		x		检查供应商的良好卫生操作或文件副本（栽培规范、农药使用记录）；对单独或混合生产的成品进行抽查和（或）随机检查	拒绝不符合规格的批次或进行分析；通知供应商；更换供应商；超标原料的召回程序	供应商规格；供应商承诺遵守《良好卫生操作指南》（GBPH）中概述的良好操作的信函；生产商注册文件副本；分析结果或参与集体监测计划
装瓶				x				

注：GHP. 良好卫生操作；GMP. 良好操作规范；CCP. 危害控制点；x 表示需要进行该操作

8.4.3 二氧化硫处理

SO_2 工具箱见表 8.10（Comité de Rédaction，2016）。

表 8.10 SO_2 工具箱

步骤	危害来源	控制措施	操作分类 GHP	操作分类 GMP	操作分类 CCP	监测措施	纠正措施	记录文件
生产	葡萄园健康状况不佳	有助于确保葡萄园的健康的良好农业操作	x					地块记录；栽培操作记录；观测记录；气象记录；成熟度研究；采收日期和方法
	员工：缺乏技术	培训 SO_2 管理操作员	x					培训方案
原料运输（如果 SO_2 处理）	操作方法：葡萄 SO_2 处理过量	建立 SO_2 处理规范		x		葡萄醪中 SO_2 含量的分析；添加剂量的可追溯性	调配；去除过量处理的批次；重新规范 SO_2 处理	SO_2 处理过程；酒窖规范；酒窖记录；分析报告
	操作方法：采健康状况不佳的葡萄	在葡萄园分选	x					

续表

步骤	危害来源	控制措施	操作分类			监测措施	纠正措施	记录文件
			GHP	GMP	CCP			
接收/购买葡萄/葡萄汁/葡萄酒	原料：接收含硫量过高的葡萄汁/葡萄酒	制定供应商规范		x		SO_2含量分析；SO_2含量的可追溯性	调配；拒绝SO_2过量的批次；通知供应商；重定供应商规范；更换供应商	分析报告；酒窖规范；酒窖记录
	原料：接收健康状况不佳的葡萄/葡萄汁	原料分选	x					酒窖规范
		建立供应商规范	x					供应商规范
操作和发酵前处理	员工：缺乏技术	培训SO_2管理操作员	x					培训方案
	操作方法：SO_2处理规范	建立SO_2处理规范		x		SO_2浓度分析；添加剂量的可追溯性	调配；去除过量处理的批次；重新规范SO_2处理	SO_2处理过程；酒窖规范；酒窖记录；分析报告
发酵	员工：缺乏技术	培训SO_2管理操作员	x					培训方案
	操作方法：发酵条件下SO_2的产生	发酵条件的选择，用优选的酵母接种	x					酒窖规范
	操作方法：中止发酵时SO_2过量	建立中止发酵规范		x		添加剂量的可追溯性	调配；去除过量处理的批次；重新规范SO_2处理	
陈酿和稳定	员工：缺乏技术	培训SO_2管理操作员	x					培训方案
	操作方法：不符合良好操作规范	建立分离、控制通气、添罐（桶）、惰性气体处理规范	x					酒窖规范
	操作方法：葡萄SO_2处理过量	建立SO_2处理规范		x		葡萄醪中SO_2含量的分析；添加剂量的可追溯性	调配；去除过量处理的批次；重新规范SO_2处理	SO_2处理过程；酒窖规范；酒窖记录；分析报告
装瓶（吐渣）	员工：缺乏技术	培训SO_2管理操作员	x					培训方案
	操作方法：调整灌装槽中SO_2含量时SO_2过量	建立SO_2处理规范		x		SO_2含量的分析；添加剂量的可追溯性	重新规范SO_2处理	SO_2处理过程；酒窖规范；酒窖记录
	操作方法：由于灌装槽均质处理不当，某些瓶/桶中的浓度过高	根据取样计划对灌装槽中的浓度和均匀性进行分析控制		x	x	根据灌装槽大小调整取样方案；SO_2浓度分析	重新均质化；调配；去除SO_2处理过量的批次	取样方案；分析报告
		根据每批葡萄酒的取样计划，对装瓶葡萄酒中SO_2的浓度进行分析控制		x	x	根据灌装批次的大小调整取样方案；SO_2浓度分析	去除SO_2处理过量的部分	取样方案；分析报告

注：GHP. 良好卫生操作；GMP. 良好操作规范；CCP. 危害控制点；x 表示需要进行该操作

8.4.4 热交换流体

热交换流体工具箱见表 8.11（Comité de Rédaction，2016）。

表 8.11 热交换流体工具箱

步骤	危害来源	控制措施	操作分类			监测措施	纠正措施	记录文件
			GHP	GMP	CCP			
产品与加热/冷却系统接触的操作	人员：由于维护不善而泄漏	维修人员培训	x					培训计划；外部参与者认证
	设备：与管路损坏有关的泄漏	制订管路维护计划		x		监管：每年检查一次管路；目视检查可疑泄漏分析	处理受污染的产品；修复泄漏；更换有缺陷的设备	维护计划；分析报告

注：GHP. 良好卫生操作；GMP. 良好操作规范；CCP. 危害控制点；x 表示需要进行该操作

8.4.5 氰衍生物

氰衍生物工具箱见表 8.12（Comité de Rédaction，2016）。

表 8.12 氰衍生物工具箱

步骤	危害来源	控制措施	操作分类			监测措施	纠正措施	记录文件
			GHP	GMP	CCP			
购买葡萄原酒	购买的葡萄原酒含有氰化物的衍生物	供应商的监管义务	x					酒窖规范
葡萄酒生产	员工：缺乏监督	培训员工；使用合格的操作人员（法国强制酿酒师指导操作）		x		确定操作者：酿酒师的姓名和地址	检讨培训；更换操作人员	培训计划；监管记录
	操作方法：缺乏剂量和接触时间控制	实施规管程序；对每罐葡萄酒进行分析，以确定使用的剂量，并检查处理后是否存在亚铁氰化钾及其衍生物，或是否存在铁；识别经处理的葡萄酒的容器，以及每个容器所使用的数量，并将其记录在案		x		追踪接收和使用的数量、处理日期和随后的过滤日期、允许自由流通的公告发布日期	排除不合格批次	向有关监管部门事先声明的监管程序说明；法定登记册；分析报告

注：GHP. 良好卫生操作；GMP. 良好操作规范；CCP. 危害控制点；x 表示需要进行该操作

8.4.6 铅

铅工具箱见表 8.13（Comité de Rédaction，2016）。

表 8.13 铅工具箱

步骤	危害来源	控制措施	操作分类			监测措施	纠正措施	记录文件
			GHP	GMP	CCP			
葡萄生产	农业投入品：使用导致污染的产品或农业投入品	良好农业操作：使用允许的产品和投入品，不燃烧或储存污染物质	x					
	地点	在与外部来源有关的污染情况下，遵守公共当局的建议	x					
采收、运输	含铅材料或用含铅材料修复的用具	制定物料/涂层供应商规范，并索要与食物接触的证明书	x					供应商规范；证明书
		清洁水必须是饮用水	x					饮用水证明，否则更换供水网
发酵前操作	操作方式	单独处理有风险的葡萄沉渣		x		葡萄酒铅含量的分析控制	隔离铅含量过高的葡萄酒	酒窖规范；分析报告
	含铅材料或用含铅材料修复的用具	制定物料/涂层供应商规范，并索要与食物接触的证明书	x					供应商规范；证明书
		清洁水必须是饮用水	x					饮用水证明，否则更换供水网
		识别有风险的设备；监测铅涂料的释放情况	x					材料清单；维护计划
	购买被污染的葡萄、葡萄汁	制定葡萄/葡萄汁供应商规范		x		铅含量的分析控制	拒绝该批次；通知供应商；更换供应商	供应商规范；分析报告
发酵操作	操作方式	单独处理有风险的葡萄沉渣		x		葡萄酒铅含量的分析控制	隔离铅含量过高的葡萄酒	酒窖规范；分析报告
	含铅材料或用含铅材料修复的用具	制定物料/涂层供应商规范，并索要与食物接触的证明书	x	x		定期分析成品和接触可疑材料后的铅含量	如果发现有缺陷的设备，要求更换	供应商规范；证明书；分析报告
	被污染的葡萄、葡萄汁	制定葡萄/葡萄汁供应商规范		x		铅含量的分析控制	拒绝该批次；通知供应商；更换供应商	供应商规范；分析报告
	购买被污染的葡萄、葡萄汁	制定葡萄/葡萄汁供应商规范	x	x		铅含量的分析控制	拒绝该批次；通知供应商；更换供应商	供应商规范；分析报告
陈酿、澄清、稳定	含铅材料或用含铅材料修复的用具	制定物料/涂层供应商规范，并索要与食物接触的证明书	x	x		定期分析成品和接触可疑材料后的铅含量	如果发现有缺陷的设备，要求更换	供应商规范；证明书；分析报告
		清洁水必须是饮用水	x					饮用水证明，否则更换供水网
	购买被污染的投入品	使用符合食品安全法规的产品	x					酒窖规范

续表

步骤	危害来源	控制措施	操作分类			监测措施	纠正措施	记录文件
			GHP	GMP	CCP			
装瓶	不适合接触的材料	制定物料/涂层供应商规范，并索要与食物接触的证明书（玻璃内衬或高岭土处理晶体）	x	x		定期分析成品和接触可疑材料后的铅含量	如果发现有缺陷的设备，要求更换	供应商规范；证明书；分析报告
		清洁水必须是饮用水	x					饮用水证明，否则更换供水网

注：GHP. 良好卫生操作；GMP. 良好操作规范；CCP. 危害控制点；x 表示需要进行该操作

8.4.7 维护品

维护品工具箱见表 8.14（Comité de Rédaction，2016）。

表 8.14 维护品工具箱

步骤	危害来源	控制措施	操作分类			监测措施	纠正措施	记录文件
			GHP	GMP	CCP			
葡萄生产	设备：润滑剂泄漏，不论是否与食物接触	制订维护计划		x		目视检查；疑似泄漏分析	排除不合格批次；修复泄漏	维护计划；分析报告
采收、运输	润滑剂泄漏，不论是否与食物接触	制订维护计划		x		目视检查；疑似泄漏分析	排除不合格批次；修复泄漏	维护计划；分析报告
葡萄酒生产：发酵前操作；发酵操作；陈酿、澄清、稳定；装瓶	设备：润滑剂泄漏，不论是否与食物接触	制订维护计划		x		目视检查；疑似泄漏分析	排除不合格批次；修复泄漏	维护计划；分析报告
	环境：由于产品或工作场所的错误位置，在与食品接触的部件上使用不适合食品接触的产品	确定需要维修产品的工作区域	x			目视检查；怀疑污染分析	排除不合格批次；检讨处所的组织架构	处所平面图；分析报告
	操作方法：在接触面上使用不适合食品接触的产品	识别需要与食物接触的产品的物料		x		目视检查；怀疑污染分析	排除不合格批次；检讨处所的组织架构	处所平面图；分析报告
	员工：由于缺乏知识，在特定的房间里使用不适合与食物接触的产品	制订培训计划	x			目视检查；补充培训	排除不合格批次；检讨处所的组织架构	培训计划；分析报告

注：GHP. 良好卫生操作；GMP. 良好操作规范；CCP. 危害控制点；x 表示需要进行该操作

8.4.8 异物、玻璃碎片

异物、玻璃碎片工具箱见表 8.15（Comité de Rédaction，2016）。

表 8.15 异物、玻璃碎片工具箱

步骤	危害来源	控制措施	操作分类			监测措施	纠正措施	记录文件
			GHP	GMP	CCP			
采收、运输	操作方式：葡萄采收	在葡萄园分选	x					
原料接收、购买	原料：存在于接收的葡萄中	接收时分选	x					酒厂规范
	原料：在购买时葡萄/葡萄汁/葡萄酒中存在	制定供应商规范	x					供应商规范
	地点：房屋退化的碎片	制订房屋维修计划；安装霓虹灯外壳、安全灯泡	x					维修计划
发酵前操作	地点：房屋退化的碎片	制订房屋维修计划；安装霓虹灯外壳、安全灯泡	x					维修计划
	原料：已经存在于正在生产的产品中	压榨（白）	x					酒厂规范
		澄清（白）	x					酒厂规范
发酵操作	地点：房屋或设备损坏的碎片	制订房屋维修计划；安装霓虹灯外壳、安全灯泡	x					维修计划
	设备：设备损坏的碎片	制订设备维修计划	x					维修计划
	原料：已经存在于正在生产的产品中	分离（红）	x					酒厂规范
		压榨（红）	x					酒厂规范
陈酿、澄清	地点：房屋损坏的碎片	制订房屋维修计划；安装霓虹灯外壳、安全灯泡	x					维修计划
	设备：设备损坏的碎片	制订设备维修计划	x					维修计划
	原料：已经存在于正在生产的产品中	分离	x					酒厂规范
		过滤	x					酒厂规范
装瓶	地点：房屋损坏的碎片	制订房屋维修计划；安装霓虹灯外壳、安全灯泡	x					维修计划
	设备：设备损坏的碎片	制订设备维修计划	x					维修计划
	设备：由清洁误入的碎片	制订清洁计划	x					清洁计划
	员工：缺乏控制	培训操作人员验收控制、产品处理、机器操作、破碎程序						培训计划

续表

步骤	危害来源	控制措施	操作分类			监测措施	纠正措施	记录文件
			GHP	GMP	CCP			
装瓶	投入品：空瓶中存在玻璃碎片	制定玻璃瓶供应商规范		x		在接收时目视检查托盘盖的完整性或破损酒瓶的存在	拒绝该批次；重新定义规范；通知供应商；更换供应商	拒收日志
	操作方法：发生破碎时没有去除处置	制定酒瓶破碎处置程序		x		目视检查	立即清除碎片上、下游的瓶子；找出原因并采取纠正措施	酒瓶破碎处置程序；生产线上的故障日志
	原料：已经存在于正在生产的产品中	目视视口		x		操作人员控制；对员工进行充分培训	隔离和识别不合格批次；试图找出原因	记录不符合规定的产品、可能的原因和采取的行动
		摄影机视口			x	具有临界极限参数的自动控制	隔离和识别不合格批次；试图找出原因；利用控制设备	记录不符合规定的产品、可能的原因和采取的行动
吐渣	地点：房屋损坏的碎片	制订房屋维修计划；安装霓虹灯外壳、安全灯泡	x					维修计划
	设备：设备损坏的碎片	制订设备维修计划	x					维修计划
	设备：由清洁误入的碎片	制订清洁计划	x					清洁计划

注：GHP. 良好卫生操作；GMP. 良好操作规范；CCP. 危害控制点；x 表示需要进行该操作

8.4.9 压力酒瓶

压力酒瓶工具箱见表 8.16（Comité de Rédaction，2016）。

表 8.16 压力酒瓶工具箱

步骤	危害来源	控制措施	操作分类			监测措施	纠正措施	记录文件
			GHP	GMP	CCP			
接收/购买原材料	酒瓶脆化	制定供应商规范	x					
		在接收酒瓶时检查（系统地清除在运输或到生产线时被撞到的托盘）	x					
		在接收瓶子托盘和拆托盘时，小心处理瓶子，避免冲击	x					

续表

步骤	危害来源	控制措施	操作分类			监测措施	纠正措施	记录文件
			GHP	GMP	CCP			
接收/购买原材料	酒瓶脆化	设计成品包装，保护酒瓶不受直接冲击（夹层、耐磨纸箱）	x					
		与瓶塞商一起制定规范；验收试验	x					
		优先使用新瓶子是防止爆炸危险的一种方法	x					
		管理储存期限和条件	x					
装瓶、吐渣	机器调整不当	调整输送机（避免装瓶线意外停机时酒瓶之间的冲击）	x					
		调整装瓶和吐渣机	x					
		一般来说，避免在线冲击	x					
	塞子使用不当	遵守适当使用塞子的条件，特别是塞子的深度、表面处理的质量、机器的速度		x		打塞深度控制（目视或人工视觉）；进行开瓶测试，以确保开瓶不会太难或太快（绑缚丝一松就开）	检查塞子的使用条件	记录不符合规定的批次、可能的原因和应采取的行动
		酒瓶脆化	x			系统地清除所有在生产过程中掉落的瓶子，即使它们没有破裂		
顾客消费	消费者操作不当	在标签或背签上注明瓶子是压力容器；使用象形文字或警告短语“小心打开”“压力瓶”等	x					
		“教授”消费者，如通过网站解释如何打开一瓶起泡酒，如何保存和处理瓶子	x					
		通过纸质或电子文件直接告知产品正确使用的条件	x					

注：GHP. 良好卫生操作；GMP. 良好操作规范；CCP. 危害控制点；x 表示需要进行该操作

8.4.10 过敏原

过敏原工具箱见表 8.17（Comité de Rédaction，2016）。

表 8.17 过敏原工具箱

步骤	危害来源	控制措施	操作分类			监测措施	纠正措施	记录文件
			GHP	GMP	CCP			
购买葡萄原酒	原材料：葡萄原酒含有过敏原	供应商声明没有过敏原；供应商可追溯性	x					
生产	原材料：使用含有过敏原的制剂	原材料可追溯性	x					
	操作方法：与含有微量过敏原的葡萄酒混合	操作方法：不符合良好的黏结规范（剂量测定、黏结分散、抽胶、过滤）	x					
	在超过法定上限的情况下，未能通知消费者	操作方法：不符合良好的下胶规范（剂量确定、下胶剂的分散、分离、过滤）	x			操作方法：不符合良好的黏结规范（剂量测定、黏结分散、抽胶、过滤）		
包装	在超过法定上限的情况下，未能通知消费者	分析经处理的葡萄酒及超过法定上限的产品标签		x		目视检查酒瓶	更改标签	装瓶记录

注：GHP. 良好卫生操作；GMP. 良好操作规范；CCP. 危害控制点；x 表示需要进行该操作

8.4.11 乙醛

乙醛工具箱见表 8.18（Comité de Rédaction，2016）。

表 8.18 乙醛工具箱

步骤	危害来源	控制措施	操作分类			监测措施	纠正措施	记录文件
			GHP	GMP	CCP			
包装	缺乏关于不耐受消费者存在乙醛的信息	标注产品酒精浓度		x		目视检查酒瓶	更改标签	装瓶记录

注：GHP. 良好卫生操作；GMP. 良好操作规范；CCP. 危害控制点；x 表示需要进行该操作

本 章 小 结

HACCP 体系可应用于从初级生产到最终消费整个食品链中，它的运用应以对人体健康风险的科学证据为指导。在提高食品安全性的同时，实施 HACCP 体系也能带来其他明显的好处。

HACCP 原理的应用涉及 12 个步骤的工作。

步骤 1：建立 HACCP 小组

步骤 2：描述产品

步骤 3：确定产品的预期用途

步骤 4：绘制流程图

步骤 5：现场检验流程图

步骤 6a：列出所有潜在危害

步骤 6b：进行危害分析

步骤 6c：确定控制措施

步骤 7：确定关键控制点（CCP）

步骤 8：为每个关键控制点设置一个关键限值

步骤 9：为每个关键控制点建立一个监控系统

步骤 10：采取纠偏措施

步骤 11：建立验证程序

步骤 12：建立文件和记录保持系统

本章列举了法国葡萄酒行业的危害结果和每个需监控的危害（显著危害）的控制措施（工具箱）实例，读者和每家企业可选择与自己相关的危害。在选择时只保留与所生产产品有关的部分，并删除可能不存在的危害。例如，如果不用亚铁氰化钾或蛋白质来源的过敏原的话，将其从危害清单中删除。同时应使频率适应实际操作或产品的特性（区域、生产方法等）。例如，赭曲霉毒素 A（OTA）仅适用于某些地区；只有起泡酒才有专用压力容器等。

主要参考文献

杨和财，王华，2014. 葡萄酒果酒法规与市场监管. 咸阳：西北农林科技大学出版社

Camponovo A，Riou C，2016. National approach for evaluation and control of wine safety：Guide to good hygiene practices for French wine industry. BIO Web of Conferences 7，04001（2016），39th World Congress of Vine and Wine，DOI：10.1051/bioconf/20160704001

Comité de Rédaction，2016. Guide de bonnes pratiques d’hygiène filière vins-Évaluation des risques et moyens de maîtrise. R36.5 du 05/09/2016

GB/T 19538—2004 危害分析与关键控制点（HACCP）体系及其应用指南

GB/T 27341—2009 危害分析与关键控制点（HACCP）体系 食品生产企业通用要求

ISO 22000 Food Safety Management Systems Requirements for Any Organization in the Food Chain

ISO/TS 22004：2014 Food Safety Management Systems Guidance on the Application of ISO 2000

9 安全性指标

食品安全，即人类摄入的食品不含有可能引起食源性疾病的污染物，无毒、无害，对人体健康不造成任何急性、亚急性或者慢性危害。葡萄酒是世界通畅性的国际化食品饮料，其质量安全是企业的底线和红线，涉及原料生产、加工、产品贮运、销售整个过程。葡萄酒本身的质量安全风险主要由两部分组成，一是葡萄原料安全，二是葡萄酒酿造加工过程的安全。要确保葡萄酒质量安全，首先要制定相关法律法规框架下的葡萄酒质量安全标准；其次要制定质量安全管理制度并贯彻执行。葡萄酒的安全性指标则是实施质量安全管理和保障葡萄酒质量安全最重要的抓手。

9.1 葡萄酒中主要安全性指标分类

9.1.1 按其来源分类

（1）来源于原料：农残，赭曲霉毒素 A，不良添加剂，铅、砷、氰化物等。

（2）来源于微生物代谢物及发酵产物：氨基甲酸乙酯（EC）、生物胺、甲醇等。

（3）来源于加工助剂和添加剂：防腐剂类，如山梨酸钾、苯甲酸钠、脱氢乙酸（钠）、二氧化硫、钠他霉素等；色素类，如日落黄、柠檬黄、胭脂红、苋菜红、亮蓝、诱惑红、赤藓红、新红等；甜味剂，如糖精钠、安赛蜜、阿斯巴甜、纽甜、甜蜜素、三氯蔗糖等。

（4）其他来源，如塑化剂、乙二醇等。

9.1.2 按对产品的危险等级分类

根据国家标准及相应的法律法规，葡萄酒中的安全性指标按危险等级分为一级、二级和三级。

9.1.2.1 一级安全性指标

一级安全性指标是指食品安全国家标准或国际标准有限量要求，超过限量可能对人体生命或健康造成一定危害的指标，包括：①国家禁用农药；②GB 2763—2021 中规定的有限量要求的 584 种农药，其中有 175 种涉及葡萄；③铅、砷、赭曲霉毒素 A、氰化物；④致病微生物；⑤外源性有毒物质；⑥药材中的毒性物质。

9.1.2.2 二级安全性指标

二级安全性指标是指发酵过程自身产生和外源性的对人体健康有害物质的指标，包括：①甲醇、氨基甲酸乙酯、生物胺；②塑化剂、乙二醇；③加工助剂和添加剂中其他安全性指标。

9.1.2.3 三级安全性指标

三级安全性指标是指国家标准允许添加但可能过量添加或标准不允许添加但可能添加的物质的指标，包括：①防腐剂类；②色素类；③甜味剂。

9.2 主要安全性指标的影响因素与控制措施

9.2.1 赭曲霉毒素A

赭曲霉毒素A（ochratoxin A，OTA），是赭曲霉、炭黑曲霉等霉菌的次级代谢产物，多存在于食品（主要是谷类、咖啡和葡萄酒等及其相关产品）中。OTA具有毒性，对人体的肾脏、神经系统和免疫系统有损害，国际癌症研究机构已将其列为2B类致癌物。

9.2.1.1 赭曲霉毒素A主要的产生途径及影响因素

1）种植过程

种植过程是霉菌与葡萄果实直接接触的过程，也是OTA产生的源头。由于气候、种植方式、病虫害等诸多因素的影响，产OTA的霉菌在适宜的条件下（如气候潮湿、果皮破损等），便会迅速繁殖，成为葡萄酒中OTA产生的重要隐患。

2）酿造过程

一般来讲，红葡萄酒中OTA含量明显高于白葡萄酒，这主要是由于红葡萄酒是带皮发酵。红葡萄酒在酿造过程中，OTA含量呈先升高后降低的趋势：在前期浸渍过程中，红葡萄酒中OTA含量不断升高，浸渍结束OTA含量达到最大值；在添加酵母发酵后，OTA含量随乙醇浓度的升高开始逐渐降低，并且在压榨和苹果酸-乳酸发酵两个过程中，OTA含量也呈现逐渐降低的趋势。白葡萄酒在酿造过程中，OTA含量呈显著下降的趋势。

3）储存过程

有研究表明，储存过程有助于葡萄酒中OTA含量的降低，发现葡萄酒在20℃避光的情况下储存12个月，其OTA含量降低了17%。

在红葡萄酒酿造过程中，OTA在入罐的第一天就出现了，在酒精发酵结束时，其含量在压榨前达到顶峰。然后，OTA的浓度在整个陈酿过程中甚至在装瓶后都会下降。OTA的这种自然下降可以用两种现象的结合来解释：一是色素和酒泥沉淀（酒石、死酵母、多酚）带走了部分OTA；二是酵母细胞壁吸附了部分OTA。

带酒泥陈酿也能降低OTA的含量。

9.2.1.2 赭曲霉毒素A的控制措施

对OTA的控制措施包括预防和治疗两个方面（OIV，2005；FAO/WHO，2007；Comité de Rédaction，2016）。

1）预防措施　在有OTA风险的地区，应将葡萄园建立在通风良好的地段，并使用适当的架式，以便于种植作业、植物保护和促进葡萄成熟的一致性；选择优质抗病品种，以及生长势中庸或较弱的砧木；葡萄行间应生草或用有机物覆盖；进行免耕，或在葡萄成熟期避免土壤耕作，以限制土壤颗粒（以及相关真菌）对葡萄的影响。

（1）避免树冠郁闭。为了限制真菌病害的发生发展，必须尽量保证结果部位通风透光，避免树冠郁闭（包括摘除老叶、通过避免不适当的氮肥来控制树势、认真及时绑缚新梢等）。同时，加强对斑衣蜡蝉等害虫的防治。

（2）避免浆果损伤。在有 OTA 风险的地区，必须避免病虫害、药害和日灼对浆果和果皮造成的损害。

（3）用具杀卵作用的农药对葡萄小卷蛾等浆果虫害进行有效的防治。在有 OTA 危险的地区，对这类虫群的完全控制是必不可少的。在严格遵守良好打药规范的前提下，其效果可高达 80%。必须根据害虫的生物学和流行的危险进行防治。在高风险的情况下，应根据区域植物保护部门的预告，采取预防措施。

（4）合理选择农药。

（5）真菌病害的防治。在花期和闭穗期之间及在开始转色时做好霜霉病和白腐病的防治。

（6）对有 OTA 风险的地块提早采收和分选葡萄原料（清除霉变病害葡萄）。

2）*治疗措施*　在葡萄酒酿酒过程中的治疗措施包括以下几项。

（1）可能污染的葡萄原料。在存在 OTA 污染风险的情况下，分析葡萄醪中 OTA 的含量；在整个酿酒和陈酿过程中，监测 OTA 的浓度；为了最大限度地避免交叉污染的风险，最好在酿酒和陈酿过程中使用光滑的容器；必须清楚地标明任何可疑的批次。

（2）在酒精发酵过程中，用活性炭处理葡萄醪或葡萄酒。

（3）橡木片和更有效的橡木粉处理。

（4）通过 0.45μm 的膜进行微滤。

（5）几丁质处理。

（6）澄清工艺有助于降低 OTA 含量，其中大部分会随酒泥分离而被除去（FAO/WHO，2007；OIV，2022）。

9.2.2 氨基甲酸乙酯

氨基甲酸乙酯（ethyl carbamate，EC），是一种化学污染物，在食品加工或发酵过程、储存过程中自然产生。面包、酱油和酸奶，以及威士忌、水果白兰地、啤酒和葡萄酒等酒精饮料都被发现含有可量化水平的 EC。

氨基甲酸乙酯具有一定的遗传毒性和致癌性，是发酵食品和酒精饮料的伴随产物：1971 年，洛弗罗特（Lofroth）等在发酵食品中发现了氨基甲酸乙酯；1976 年，在酸乳酪和酒精中检测到了氨基甲酸乙酯。此后，20 世纪 70～80 年代，世界各国学者先后又在蒸馏酒、白兰地、威士忌、酱油和面包等发酵饮料与食品中检测到了氨基甲酸乙酯。这些发现引起了各国政府对发酵食品中氨基甲酸乙酯含量的重视，世界卫生组织也提议规定酒类饮料中氨基甲酸乙酯的限量标准。2004 年，国际癌症研究机构将 EC 列入 2A 类可能致癌物质名单（梁萌萌和薛洁，2013）。目前氨基甲酸乙酯的污染，被认为是食品中继黄曲霉毒素之后的又一重要问题。

1985 年，加拿大的卫生与防疫部门对酒精饮料中氨基甲酸乙酯含量规定了强制性限量标准：佐餐葡萄酒 30μg/L，加强葡萄酒 100μg/L，蒸馏酒 150μg/L，烈性酒和水果白兰地 400μg/L，日本清酒 100μg/L。1988 年，美国食品和药品监督管理局（FDA）、美国葡萄酒研究所和美国酒商协会制定了有关葡萄酒中氨基甲酸乙酯含量的非强制性标准：1988 年以后生产的佐餐葡萄酒［酒度≤14%（*V*/*V*）］中氨基甲酸乙酯含量不能超过 15μg/L，1989 年以后生产的甜葡萄酒［酒度≥14%（*V*/*V*）］中氨基甲酸乙酯含量不能超过 60μg/L。2002 年，氨基甲酸乙酯成为联合国粮食及农业组织重点监控的物质，并制定了国际标准。欧盟委员会没有为欧盟规定食品或饮料中氨基甲酸乙酯的最大限量，澳大利亚新西兰食品标准规范也没有规定氨基甲酸乙酯的上限。然而，澳大利亚新西兰食品标准局已经监测了与氨基甲酸乙酯有关的情况，并采取了一些行动。2005 年，澳大利亚新西兰食品标准局积极参与了食品添加剂联合专家委员会（JECFA）对氨基甲酸乙酯的国际评估，为澳大利亚人口编制了膳食暴露估计值，并输入了风险评估。

我国尚未制定酒精饮料和发酵食品中氨基甲酸乙酯限量标准，但随着我国人民生活水平的不断提高，酒精饮料的消费量日趋上升，尤其是白酒、葡萄酒、黄酒、米酒、啤酒等营养丰富的含酒精饮料更是人们消费的热点，因此，制定氨基甲酸乙酯限量标准势在必行。2020 年，中国食品工业协会（葡萄酒分会）、中国食品发酵工业研究院在成都召开食品中氨基甲酸乙酯控制规范立项会议，国内白酒、葡萄酒、啤酒、黄酒龙头企业，部分咖啡、可可生产企业参加会议，讨论了制定食品中氨基甲酸乙酯控制措施规范相关事宜，为下一步食品中氨基甲酸乙酯的限量标准制定打下了基础。

9.2.2.1 葡萄酒中氨基甲酸乙酯的形成途径

葡萄酒中氨基甲酸乙酯通过两个途径形成：一是尿素与乙醇反应，二是瓜氨酸与乙醇反应。

尿素的主要来源有两个：①发酵原料本身所含有的尿素；②在酒精发酵过程中，精氨酸被微生物降解产生尿素。

瓜氨酸的主要来源也有两个：①葡萄汁中含有一定量的瓜氨酸；②在葡萄酒酿造过程后期，精氨酸通过苹果酸-乳酸降解途径也会生成瓜氨酸。

因此，葡萄酒中氨基甲酸乙酯（EC）的形成主要与尿素、瓜氨酸、精氨酸三种底物的含量密切相关。瓜氨酸与尿素均参与 EC 的合成（Jiao et al.，2014）。

9.2.2.2 氨基甲酸乙酯的影响因素

1）葡萄原料（氮含量）　葡萄中的尿素是 EC 的前体物质之一；尿素含量越高，EC 的含量也会相应增加。图 9.1 为 13 个干白样品被放置于 40℃条件下 2 个月后 EC 含量与初始尿素含量的关系。

2）发酵辅料与发酵条件

（1）酵母：酵母代谢精氨酸及尿素的分泌具有菌株特异性；不同酵母的精氨酸代谢能力存在显著差异，直接影响 EC 含量。

（2）发酵温度：发酵温度升高，EC 生成量呈增加趋势，温度越高，发酵结束后葡萄酒中的 EC 含量也越高，比较 20℃和 28℃两个发酵温度，EC 含量的增幅达到了 14.51%。

（3）乳酸菌：葡萄酒乳酸菌降解精氨酸、分泌瓜氨酸具有菌株特异性；不同乳酸菌产 EC 能力存在显著差异；代谢精氨酸的能力越强，生成的瓜氨酸就越多，导致生成的 EC 就越多。

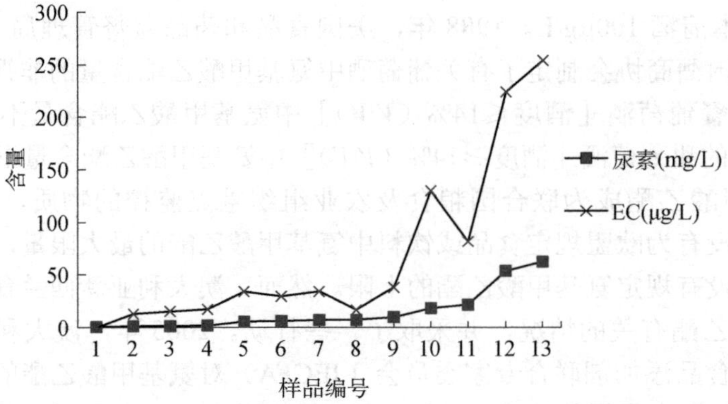

图 9.1 干白样品被放置于 40℃条件下 2 个月后 EC 含量与初始尿素含量的关系

（4）带酒泥陈酿：酒泥陈酿的葡萄酒中 EC 的含量有增加。

（5）发酵助剂：过量使用会增加 EC 含量。

（6）尿素酶：尿素酶可以降低尿素的含量，从而降低 EC 的含量。

3）储存温度　原酒储存的高温、运输过程中的高温均对 EC 含量有显著影响，随着储存温度的升高，酒中 EC 含量增长率呈明显上升趋势（图 9.2）。

4）储存时间　随着储存时间的延长，所有的干白中 EC 含量都呈缓慢增加的趋势；不同年份的干白产品，其 EC 增长率（6 个月）不同，新酒的 EC 增长得更快（图 9.3）。

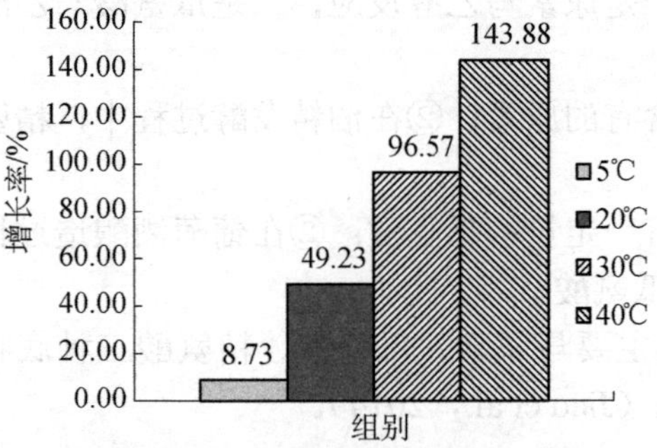

图 9.2 干白原酒在不同温度下储存 6 个月的 EC 增长率

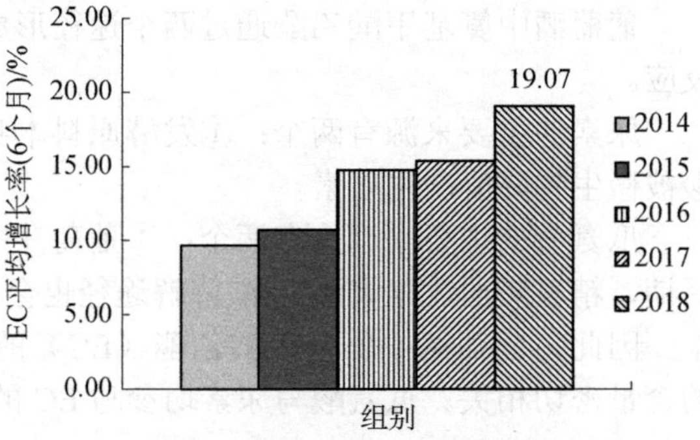

图 9.3 不同年份干白产品的 EC 平均增长率变化（6 个月，常温）

9.2.2.3 氨基甲酸乙酯的控制措施

1）严格控制葡萄原料中 EC 底物水平　严格控制葡萄原料的氮肥使用量（尤其是在葡萄生长中后期），最大限度地减少葡萄原料中的氮源。

2）发酵过程控制

（1）应优先选择产 EC 较少的酵母。

（2）在发酵过程中，严格控制营养盐的使用，在保证发酵正常的情况下，最大限度地减少发酵醪中的氮素营养。

（3）在较低的温度下发酵。

（4）优先选择产 EC 较少的乳酸菌。

（5）尽量不带酒泥陈酿，原酒澄清过滤后进入陈酿。

3）*改善储存环境，低温储存，低温运输*　原酒应储存在室内贮罐中，干白原酒储存温度应保持在10℃或以下；不得在高温季节长途运输。

4）*严格出厂检验*　严控EC及其底物限量。

5）*控制成品酒贮运环节的环境条件*　EC含量并不是固定不变的，随着储存时间的延长、温度的升高，EC的含量会进一步升高，尤其对于干白葡萄酒而言。因此，应对成品贮运环境、仓库温度提出明确要求，尽可能降低运输及储存温度，温度应不超过20℃。

9.2.3 塑化剂

塑化剂又称为增塑剂，是一种高分子材料助剂，酒中常见的塑化剂主要有邻苯二甲酸二（2-乙基）己酯（DEHP）、邻苯二甲酸二异壬酯（DINP）、邻苯二甲酸二丁酯（DBP）三种。

9.2.3.1 塑化剂的主要来源

塑化剂属于外源性物质，主要来源于工艺环节的迁移：生产储存工具，如塑料输酒管、塑料接酒桶、酒泵进出乳胶管等。

9.2.3.2 塑化剂的影响因素

（1）原辅材料：可能含有塑化剂残留物，在使用过程中迁移到酒中。

（2）与酒接触的设备、容器：可能含有塑化剂残留物，在酒的贮存过程、灌装过程中迁移到酒中。

（3）包装材料：可能含有塑化剂的塑料类包装材料，其残留物和迁移量可能会超标，导致酒中塑化剂含量超标。

9.2.3.3 塑化剂的控制措施

1）*加强原辅料采购环节的管控*　严格落实原辅料供应商资质审核和进货查验记录制度；采购的所有原辅材料、食品添加剂等，对可能含有塑化剂的产品，每批次必须要求供应商提供第三方包括塑化剂检验合格的报告。

2）*设备设施管理*　生产过程使用的所有设备、设施，凡直接与酒直接接触的容器（含临时贮存的小容器）、管道（固定管道、软管等）、过滤和灌装设备、设备垫片、工具等，不得使用含有塑化剂的材料。

3）*包装材料*　直接接触酒液的包装材料，如塑料酒瓶、塑料塞、瓶盖内垫、聚合塞等，邻苯二甲酸酯类物质（塑化剂）应当严格执行GB 9685—2016《食品安全国家标准 食品接触材料及制品用添加剂使用标准》规定的品种、范围和特定迁移量或残留量标准，采购时，供应商必须提供塑化剂检测合格报告。

4）*运输环节*　凡与酒直接接触的容器，不论是长途运输还是短途运输，均不得使用含有塑化剂的器具。

5）*贮存环节*　长时间存放各类原酒、内有涂层的贮酒容器（如水泥池、铁罐等），涂层用物质应当严格执行GB 9685—2016《食品安全国家标准　食品接触材料及制品用添加剂使用标准》规定的品种、范围和特定迁移量或残留量标准，尽量使用不锈钢材质的容器。

9.2.4 生物胺

生物胺（biogenic amine，BA）是一类低分子质量的含氮有机化合物，普遍存在于葡萄酒等发酵食品中，是致癌物质的前体；长期食用含高浓度BA的食品，会引起很多不良反应，如头疼、呼吸紊乱、心悸等，BA还与喝酒上头有关。

葡萄酒中主要的生物胺有组胺、色胺、酪胺、腐胺、精胺。其中组胺是研究最多、对人体影响最大的生物胺。研究表明，干白葡萄酒中总体水平较低，为0.05～0.53mg/L，平均为0.285mg/L；干红葡萄酒为1.04～5.58mg/L，平均为3.742mg/L。

9.2.4.1 生物胺的形成途径

生物胺主要通过微生物对氨基酸的脱羧作用或氨基酸转氨酶对醛类物质的转氨作用形成；主要的生物胺及其前体物质有：组氨酸→组胺；酪氨酸→酪胺；色氨酸→色胺；赖氨酸→尸胺；鸟氨酸→腐胺。

通过微生物合成生物胺需要具备三个基本条件：①有足够的游离氨基酸；②具有氨基酸脱酸酶活性的微生物；③具有适合微生物生长和氨基酸脱羧酶合成的条件。

9.2.4.2 生物胺的主要影响因素

1）葡萄原料

（1）氮含量：作为生长调节因子，若葡萄生长过程出现氮过量或者矿物质缺乏，生物胺的含量就会增加。

（2）品种差异：不同品种的葡萄中生物胺含量不同，比如同等条件下，西拉葡萄酒中腐胺、亚精胺和精胺的浓度均高于歌海娜葡萄酒。

2）发酵辅料与发酵条件

（1）酵母种类：使用不同酵母发酵，葡萄酒中生物胺含量不同。

（2）酵母接种量：接种量提高，生物胺总量也随之增加。

（3）果胶酶种类：不同果胶酶对生物胺的含量也有影响。

（4）发酵温度：温度越高，生物胺增加得越迅速。

（5）乳酸菌：乳酸菌是发酵过程中影响生物胺含量最重要的因素。苹果酸-乳酸发酵（MLF）之后，组胺、酪胺和腐胺的含量都会增加；主要是乳酸菌中氨基酸脱羧酶的活性增强所致。

（6）pH：pH较高时，细菌繁殖较快，生物胺产生得也就较多。

（7）酒泥接触：酵母可以通过自溶释放氨基酸，因此发酵结束后酒和酒泥接触时间过长也会导致葡萄酒中生物胺含量升高。

9.2.4.3 生物胺的控制措施

（1）氮源的控制。

（2）接种商业酒球菌，以及筛选相应的生物胺相关基因缺失的乳酸菌。

（3）发酵环境的控制，如pH、发酵温度、浸渍条件等（OIV，2011）。

9.2.5 甲醇及杂醇油

甲醇（methanol）对血管有麻痹作用及有导致神经变性的作用，含量过高会引起失明。

杂醇油（fusel oil）是高级醇的混合物，主要包括异丁醇和异戊醇，是葡萄酒的呈香物质之一。适量的高级醇能够使葡萄酒中的果香更加优雅、和谐，酒体更加丰满；但含量过高则会影响葡萄酒的风味和口感，甚至危及健康，使人出现头痛、恶心、呕吐等症状。

9.2.5.1 甲醇及杂醇油的形成途径

葡萄酒中甲醇的形成途径：主要通过发酵过程中果胶质水解生成，即由果胶质中所含半乳糖醛酸的甲氧基（—OCH_3）分解形成。

葡萄酒中杂醇油的形成主要有两种途径：①氨基酸降解代谢途径，氨基酸经过转氨作用形成α-酮酸，酮酸再经脱羧和还原反应生成高级醇；②合成代谢途径，葡萄糖经糖酵解作用生成丙酮酸，继而形成α-乙酰乳酸，进入氨基酸的合成代谢途径，此过程中会形成α-酮酸中间体，并最终被还原成了高级醇。

9.2.5.2 甲醇及杂醇油的主要影响因素

1）*葡萄原料* 不同品种葡萄的总氮含量不同，氮含量不足会影响酵母合成代谢，产生较多的高级醇；葡萄果胶含量越大，甲醇含量就越高。

2）*发酵辅料与发酵条件*

（1）酵母菌种及接种量不同，甲醇及杂醇油产量不同。

（2）发酵不完全会导致高级醇含量偏高。

（3）添加果胶酶，甲醇及杂醇油均有增加。

（4）发酵温度越高，高级醇含量越高。

（5）加糖量越大，高级醇含量越高；而与分次分批加糖相比，一次性加糖生成的杂醇油稍高。

3）*贮存容器* 采用橡木桶贮藏有利于葡萄酒中各类物质的缔合，有利于甲醇含量的降低。

9.2.5.3 甲醇及杂醇油的控制措施

主要通过对发酵工艺的控制，降低甲醇及杂醇油的含量。

（1）甲醇：选择优质的果胶酶和适当降低发酵温度。

（2）杂醇油：选择合适的酵母菌株、在酒精发酵前添加果胶酶，以及适当降低发酵温度。

9.3 主要安全性指标的控制限量

9.3.1 农残

9.3.1.1 禁限用农药

农业农村部农药管理司发布的《禁限用农药目录》和《农药管理条例》规定，农药生产应取得农药登记证和生产许可证，农药经营应取得经营许可证，农药使用应按照标签规定的使用范围、安全间隔期用药，不得超范围用药。剧毒、高毒农药不得用于防治卫生害虫，不得用于蔬菜、瓜果、茶叶、菌类、中草药材的生产，不得用于水生植物的病虫害防治。

中华人民共和国农业农村部公告中，国家禁用农药和限制使用的46种农药，在葡萄原料中不得检出。具体包括六六六、滴滴涕、毒杀芬、二溴氯丙烷、杀虫脒、二溴乙烷、除草醚、艾氏剂、狄氏剂、汞制剂、砷类、铅类、敌枯双、氟乙酰胺、甘氟、毒鼠强、氟乙酸钠、毒鼠硅、甲胺磷、对硫磷、甲基对硫磷、久效磷、磷胺、苯线磷、地虫硫磷、甲基硫环磷、磷化钙、磷化镁、磷化锌、硫线磷、蝇毒磷、治螟磷、特丁硫磷、氯磺隆、胺苯磺隆、甲磺隆、福美胂、福美甲胂、三氯杀螨醇、林丹、硫丹、溴甲烷、氟虫胺、杀扑磷、百草枯、2,4-滴丁酯。（氟虫胺自2020年1月1日起禁止使用。百草枯可溶胶剂自2020年9月26日起禁止使用。2,4-滴丁酯自2023年1月29日起禁止使用。溴甲烷可用于“检疫熏蒸处理”。杀扑磷已无制剂登记。）

9.3.1.2 农药最大残留限量标准

由中华人民共和国国家卫生健康委员会、农业农村部、国家市场监督管理总局联合发布的GB 2763—2021《食品安全国家标准 食品中农药最大残留限量》（代替GB 2763—2016、GB 2763.1—2018和GB 2763—2019）于2021年3月3日发布，2021年9月3日正式实施。

在GB 2763—2021《食品安全国家标准 食品中农药最大残留限量》中，涉及葡萄农残限量共计175项（2014年农残限量国标中涉及农残105项，2016年国标中增加了14项，2018年国标中增加了5项，2019年国标中增加了40项，2021年国标中增加了12项，并将2019年国标中新增的“噻草酮”废止），具体见表9.1。

表9.1 食品安全国家标准中葡萄相关农残限量（GB 2763—2021）（175种）

标准版本	序号	农药名称	用途	限量/（mg/kg）
GB 2763—2014《食品安全国家标准 食品中农药最大残留限量》（105项）	1	2,4-D和2,4-DNa	除草剂	0.1
	2	百草枯	除草剂	0.01
	3	百菌清	杀菌剂	10
	4	倍硫磷	杀虫剂	0.05
	5	苯丁锡	杀螨剂	5
	6	苯氟磺胺	杀菌剂	15
	7	苯霜灵	杀菌剂	0.3
	8	苯酰菌胺	杀菌剂	5
	9	苯线磷	杀虫剂	0.02
	10	吡唑醚菌酯	杀菌剂	2
	11	丙森锌	杀菌剂	5
	12	草甘膦	除草剂	0.1
	13	虫酰肼	杀虫剂	2
	14	代森联	杀菌剂	5
	15	代森锰锌	杀菌剂	5
	16	单氰胺	植物生长调节剂	0.05
	17	敌百虫	杀虫剂	0.2
	18	敌敌畏	杀虫剂	0.2
	19	敌螨普	杀菌剂	0.5
	20	地虫硫磷	杀虫剂	0.01

续表

标准版本	序号	农药名称	用途	限量/（mg/kg）
GB 2763—2014《食品安全国家标准 食品中农药最大残留限量》（105 项）	21	啶虫脒	杀虫剂	2
	22	对硫磷	杀虫剂	0.01
	23	多菌灵	杀菌剂	3
	24	多杀霉素	杀虫剂	0.5
	25	氟吡禾灵	除草剂	0.02
	26	氟硅唑	杀菌剂	0.5
	27	氟吗啉	杀菌剂	5
	28	腐霉利	杀菌剂	5
	29	环酰菌胺	杀菌剂	15
	30	己唑醇	杀菌剂	0.1
	31	甲胺磷	杀虫剂	0.05
	32	甲拌磷	杀虫剂	0.01
	33	甲苯氟磺胺	杀菌剂	3
	34	甲基对硫磷	杀虫剂	0.02
	35	甲基硫环磷	杀虫剂	0.03
	36	甲基异柳磷	杀虫剂	0.01
	37	甲氰菊酯	杀虫剂	5
	38	甲霜灵和精甲霜灵	杀菌剂	1
	39	腈苯唑	杀菌剂	1
	40	腈菌唑	杀菌剂	1
	41	久效磷	杀虫剂	0.03
	42	抗蚜威	杀虫剂	1
	43	克百威	杀虫剂	0.02
	44	克菌丹	杀菌剂	5
	45	喹氧灵	杀菌剂	2
	46	联苯肼酯	杀螨剂	0.7
	47	磷胺	杀虫剂	0.05
	48	硫环磷	杀虫剂	0.03
	49	螺虫乙酯	杀虫剂	2
	50	氯苯嘧啶醇	杀菌剂	0.3
	51	氯吡脲	植物生长调节剂	0.05
	52	氯虫苯甲酰胺	杀虫剂	1
	53	氯氟氰菊酯和高效氯氟氰菊酯	杀虫剂	0.2
	54	氯菊酯	杀虫剂	2
	55	氯氰菊酯和高效氯氰菊酯	杀虫剂	0.2
	56	氯硝胺	杀菌剂	7
	57	氯唑磷	杀虫剂	0.01
	58	马拉硫磷	杀虫剂	8
	59	咪鲜胺和咪鲜胺锰盐	杀菌剂	2
	60	嘧菌酯	杀菌剂	5

续表

标准版本	序号	农药名称	用途	限量/（mg/kg）
GB 2763—2014《食品安全国家标准　食品中农药最大残留限量》（105 项）	61	嘧霉胺	杀菌剂	4
	62	灭菌丹	杀菌剂	10
	63	灭线磷	杀线虫剂	0.02
	64	内吸磷	杀虫/杀螨剂	0.02
	65	氰霜唑	杀菌剂	1
	66	氰戊菊酯和 S-氰戊菊酯	杀虫剂	0.2
	67	噻苯隆	植物生长调节剂	0.05
	68	噻虫啉	杀虫剂	1
	69	噻螨酮	杀螨剂	1
	70	三环锡	杀螨剂	0.3
	71	三唑锡	杀螨剂	0.3
	72	杀草强	除草剂	0.05
	73	杀虫脒	杀虫剂	0.01
	74	杀螟硫磷	杀虫剂	0.5
	75	双胍三辛烷基苯磺酸盐	杀菌剂	1
	76	双炔酰菌胺	杀菌剂	2
	77	霜霉威和霜霉威盐酸盐	杀菌剂	2
	78	霜脲氰	杀菌剂	0.5
	79	四螨嗪	杀螨剂	2
	80	特丁硫磷	杀虫剂	0.01
	81	涕灭威	杀虫剂	0.02
	82	戊菌唑	杀菌剂	0.2
	83	戊唑醇	杀菌剂	2
	84	烯酰吗啉	杀菌剂	5
	85	烯唑醇	杀菌剂	0.2
	86	辛硫磷	杀虫剂	0.05
	87	溴螨酯	杀螨剂	2
	88	溴氰菊酯	杀虫剂	0.2
	89	亚胺硫磷	杀虫剂	10
	90	亚胺唑	杀菌剂	3
	91	氧乐果	杀虫剂	0.02
	92	乙烯利	植物生长调节剂	1
	93	乙酰甲胺磷	杀虫剂	0.5
	94	异菌脲	杀菌剂	10
	95	蝇毒磷	杀虫剂	0.05
	96	治螟磷	杀虫剂	0.01
	97	艾氏剂	杀虫剂	0.05
	98	滴滴涕	杀虫剂	0.05
	99	狄氏剂	杀虫剂	0.02
	100	毒杀芬	杀虫剂	0.05

续表

标准版本	序号	农药名称	用途	限量/（mg/kg）
GB 2763—2014《食品安全国家标准 食品中农药最大残留限量》（105 项）	101	六六六	杀虫剂	0.05
	102	氯丹	杀虫剂	0.02
	103	灭蚁灵	杀虫剂	0.01
	104	七氯	杀虫剂	0.01
	105	异狄氏剂	杀虫剂	0.05
GB 2763—2016《食品安全国家标准 食品中农药最大残留限量》（增加 14 项）	106	苯醚甲环唑	杀菌剂	0.5
	107	啶酰菌胺	杀菌剂	5
	108	氟虫腈	杀虫剂	0.02
	109	氟环唑	杀菌剂	0.5
	110	甲基硫菌灵	杀菌剂	3
	111	硫线磷	杀虫剂	0.02
	112	嘧菌环胺	杀菌剂	20
	113	灭多威	杀虫剂	0.2
	114	萘乙酸和萘乙酸钠	植物生长调节剂	0.1
	115	噻菌灵	杀菌剂	5
	116	三乙膦酸铝	杀菌剂	10
	117	杀扑磷	杀虫剂	0.05
	118	水胺硫磷	杀虫剂	0.05
	119	唑嘧菌胺	杀菌剂	2
GB 2763.1—2018《食品安全国家标准 食品中农药最大残留限量》（增加 5 项）	120	粉唑醇	杀菌剂	0.8
	121	氟吡菌胺	杀菌剂	2
	122	乙基多杀菌素	杀虫剂	0.3
	123	乙螨唑	杀螨剂	0.5
	124	唑螨酯	杀螨剂	0.1
GB 2763—2019《食品安全国家标准 食品中农药最大残留限量》（增加 40 项）	125	苯菌酮	杀菌剂	5
	126	苯嘧磺草胺	除草剂	0.01
	127	吡虫啉	杀虫剂	1
	128	草铵膦	除草剂	0.1
	129	代森铵	杀菌剂	5
	130	敌草腈	除草剂	0.05
	131	丁氟螨酯	杀螨剂	0.6
	132	啶氧菌酯	杀菌剂	1
	133	毒死蜱	杀虫剂	0.5
	134	多抗霉素	杀菌剂	10
	135	噁唑菌酮	杀菌剂	5
	136	二氰蒽醌	杀菌剂	2
	137	呋虫胺	杀虫剂	0.9
	138	氟苯虫酰胺	杀虫剂	2
	139	氟吡菌酰胺	杀菌剂	2

续表

标准版本	序号	农药名称	用途	限量/（mg/kg）
GB 2763—2019《食品安全国家标准　食品中农药最大残留限量》（增加 40 项）	140	氟啶虫胺腈	杀虫剂	2
	141	氟菌唑	杀菌剂	3
	142	福美双	杀菌剂	5
	143	福美锌	杀菌剂	5
	144	咯菌腈	杀菌剂	2
	145	甲氨基阿维菌素苯甲酸盐	杀虫剂	0.03
	146	甲氧虫酰肼	杀虫剂	1
	147	喹啉铜	杀菌剂	3
	148	螺螨酯	杀螨剂	0.2
	149	咪唑菌酮	杀菌剂	0.6
	150	醚菊酯	杀虫剂	4
	151	醚菌酯	杀菌剂	1
	152	噻草酮*	除草剂	0.3
	153	噻虫胺	杀虫剂	0.7
	154	噻嗪酮	杀虫剂	1
	155	三唑醇	杀菌剂	0.3
	156	三唑酮	杀菌剂	0.3
	157	肟菌酯	杀菌剂	3
	158	硝苯菌酯	杀菌剂	0.2
	159	硝磺草酮	除草剂	0.01
	160	溴氰虫酰胺	杀虫剂	4
	161	乙嘧酚磺酸酯	杀菌剂	0.5
	162	抑霉唑	杀菌剂	5
	163	茚虫威	杀虫剂	2
	164	莠去津	除草剂	0.05
GB 2763—2021《食品安全国家标准　食品中农药最大残留限量》（增加 12 项）	165	阿维菌素	杀虫剂	0.03
	166	胺苯吡菌酮	杀菌剂	4
	167	苯并烯氟菌唑	杀菌剂	1
	168	吡氟禾草灵和精吡氟禾草灵	除草剂	0.01
	169	丙硫多菌灵	杀菌剂	2
	170	丙炔氟草胺	除草剂	0.02
	171	氟苯脲	杀虫剂	0.7
	172	氟吡呋喃酮	杀虫剂	3
	173	氟吡甲禾灵和高效氟吡甲禾灵	除草剂	0.02
	174	联苯菊酯	杀虫/杀螨剂	0.3
	175	烯肟菌酯	杀菌剂	1
	176	异丙噻菌胺	杀菌剂	3

*GB 2763—2021《食品安全国家标准　食品中农药最大残留限量》已将第 152 项“噻草酮”废止

9.3.2 氨基甲酸乙酯

对于 EC，中国暂无限量标准规定，其他国家对 EC 的限量标准见表 9.2。

表 9.2 不同国家对酒精饮料中 EC 的限量标准 （单位：μg/L）

国家	葡萄酒	加强葡萄酒	蒸馏酒	清酒	水果白兰地
加拿大	30	100	150	200	400
捷克	30	100	150	200	400
法国	nr	nr	150	nr	1000
德国	nr	nr	nr	nr	800
美国	15	60	nr	nr	nr
瑞士	nr	nr	nr	nr	1000

注：“nr”表示暂无规定

9.3.3 塑化剂

2011 年 6 月 22 日，卫生部办公厅在致工业和信息化部、商务部、工商总局、质检总局办公厅、食品药品监管局办公室、食品安全办综合司等六部门的卫办监督函〔2011〕551 号中明确规定：邻苯二甲酸酯类物质是可用于食品包装材料的增塑剂，不是食品原料，也不是食品添加剂，严禁在食品、食品添加剂中人为添加（GB 9685—2008 食品容器、包装材料用添加剂使用卫生标准）。目前，GB 9685—2008 已被 GB 9685—2016 取代，因此，食品容器、食品包装材料中使用邻苯二甲酸酯类物质，应当严格执行《食品安全国家标准 食品接触材料及制品用添加剂使用标准》（GB 9685—2016）规定的品种、范围和特定迁移量或残留量标准，不得接触油脂类食品和婴幼儿食品，食品、食品添加剂中的邻苯二甲酸二（α-乙基）己酯（DEHP）、邻苯二甲酸二异壬酯（DINP）和邻苯二甲酸二丁酯（DBP）最大残留量分别为 1.5mg/kg、9.0mg/kg 和 0.3mg/kg。

9.3.4 其他主要安全性指标

其他主要安全性指标及其控制限量标准见表 9.3。

表 9.3 酒类产品安全指标限量标准

指标安全等级	指标名称	控制产品	执行标准	指标限量
一级	铅	葡萄酒及其配制酒	GB 2762—2022	≤0.2mg/L
		蒸馏酒及其配制酒	GB 2762—2022	≤0.5mg/L
	氰化物	蒸馏酒及其配制酒	GB 2757—2012	≤8.0g/L（100%乙醇）
	致病微生物	葡萄酒及其配制酒	GB 2758—2012	沙门氏菌、金黄色葡萄球菌：不得检出
	赭曲霉毒素 A	葡萄酒	GB 2761—2017	≤2.0μg/kg
二级	甲醇	葡萄酒	GB 15037—2006	白葡萄酒≤250mg/L 红葡萄酒≤400mg/L
		蒸馏酒及其配制酒	GB 2757—2012	≤2.0g/L（100%乙醇）
	塑化剂	葡萄酒、白兰地	国家市场监督管理总局（2019）214 号文件	DBP≤0.3mg/L（葡萄酒） DEHP≤1.5mg/L（葡萄酒） DINP≤9.0mg/L（葡萄酒） DBP≤1.0mg/L（蒸馏酒） DEHP≤5mg/L（蒸馏酒）

续表

指标安全等级	指标名称	控制产品	执行标准	指标限量
三级	山梨酸或山梨酸钾	葡萄酒	GB 15037—2006	≤200mg/L
	苯甲酸或苯甲酸钠	葡萄酒	GB 15037—2006	≤50mg/L
	人工合成色素	葡萄酒	GB 15037—2006	不得检出
	二氧化硫	葡萄酒、果酒	GB 2760—2014	≤0.25g/L
	甜味剂	葡萄酒	GB 15037—2006	不得检出

9.4 国家《食品安全监督抽检计划》中的抽检项目及相关指标

2020 年，国家市场监督管理总局发布了《2020 年食品安全监督抽检计划》，其中涉及葡萄酒产品的抽检项目有 9 个重点抽检指标（表 9.4）。

表 9.4 葡萄酒（果酒）抽检项目及指标（《2020 年食品安全监督抽检计划》）

类别（二级）	类别（三级）	类别（四级）	抽检项目
发酵酒	葡萄酒及果酒	葡萄酒	酒度、甲醇 苯甲酸、山梨酸、脱氢乙酸、二氧化硫、糖精钠、甜蜜素、三氯蔗糖
		果酒	酒度、展青霉素、二氧化硫、糖精钠

9.5 葡萄酒（白兰地）生产各环节的安全性指标及限量值

国家市场监督管理总局、国家卫生健康委员会、国家标准化管理委员会、全国食品发酵标准化中心等部门先后制定了 40 余项食品安全标准及规范，其中涉及葡萄酒（白兰地）生产各环节（原辅材料、加工助剂、包装材料）的安全指标及限量值有 38 类 100 余项（表 9.5）。在实际生产过程中，应加强对相关原料、辅料、加工助剂、包装材料的抽查检验，确保产品质量安全和卫生符合国家相关法律法规的要求。

表 9.5 葡萄酒（白兰地）原辅材料、加工助剂、包装材料的安全指标及限量值

类别	序号	名称	执行标准	安全限量指标
原料	1	葡萄	NY/T 844—2017 绿色食品　温带水果	重金属类： 镉，≤0.05mg/kg； 铅（以 Pb 计），≤0.2mg/kg 农残类：见 GB 2763—2021《食品安全国家标准　食品中农药最大残留限量》（175 种）

续表

类别	序号	名称	执行标准	安全限量指标
原料	2	葡萄原酒	GB 15037—2006 葡萄酒 GB 2762—2022 食品安全国家标准 食品中污染物限量	甲醇： 白、桃红葡萄酒，≤250mg/L； 红葡萄酒，≤400mg/L 铁，≤8.0mg/L 铜，≤1.0mg/L 铅，≤0.2mg/L 苯甲酸或苯甲酸钠（以苯甲酸计）：≤50mg/L 山梨酸或山梨酸钾（以山梨酸计）：200mg/L
	3	葡萄浓缩汁	SB/T 10200—1993 葡萄浓缩汁	砷：≤0.5mg/kg 铅：≤1.0mg/kg 铜：≤10.0mg/kg
	4	原白兰地	GB/T 11856—2008 白兰地 GB 2757—2012 食品安全国家标准 蒸馏酒及其配制酒	铜：≤6.0mg/L 甲醇：≤2.0g/L 氰化物：≤8.0mg/L
	5	食用酒精 糖蜜酒精	GB 10343—2008 食品安全国家标准 食用酒精 GB 31640—2016 食品安全国家标准 食用酒精	甲醇： 特级，≤2mg/kg； 优级，≤50mg/kg； 普通级，≤150mg/kg 铅：≤1mg/kg 氰化物（以 HCN 计，以木薯为原料的产品）：≤5mg/L
辅料及加工助剂	6	白砂糖	GB/T 317—2018 白砂糖 GB 13104—2014 食品安全国家标准 食糖	砷：≤0.5mg/kg 铅：≤0.5mg/kg 螨：不得检出
	7	亚硫酸	国际葡萄酿酒药典： 葡萄酿酒辅料标准	重金属（以 Pb 计）：<10mg/kg
	8	柠檬酸	GB 1886.235—2016 食品安全国家标准 食品添加剂 柠檬酸	铅：≤0.5mg/kg 砷：≤1.0mg/kg
	9	晶种	GB 25556—2010 食品安全国家标准 食品添加剂 酒石酸氢钾	铅：≤3mg/kg 砷：≤2mg/kg
	10	酒石酸	GB 25545—2010 食品安全国家标准 食品添加剂 L（+）-酒石酸	砷：≤2mg/kg 铅：≤2mg/kg
	11	酵母	GB/T 20886—2007 食品加工用酵母	铅：≤2.0mg/kg 砷：≤2.0mg/kg
	12	果胶酶	GB 1886.174—2016 食品安全国家标准 食品添加剂 食品工业用酶制剂	铅：≤5.0mg/kg 砷：≤3.0mg/kg
	13	苯甲酸钠	GB 1886.184—2016 食品安全国家标准 食品添加剂 苯甲酸钠	重金属（以 Pb 计）：≤10mg/kg 邻苯二甲酸：≤150mg/kg
	14	山梨酸钾	GB 1886.39—2015 食品安全国家标准 食品添加剂 山梨酸钾	铅：≤3mg/kg 砷：≤2mg/kg 重金属（以 Pb 计）：≤10mg/kg
	15	蛋白粉	国际葡萄酿酒药典：葡萄酿酒辅料标准	砷：<2mg/kg 重金属（以 Pb 计）：<20mg/kg
	16	酪蛋白	国际葡萄酿酒药典：葡萄酿酒辅料标准	砷：≤0.0002% 重金属（以 Pb 计）：≤0.002%
	17	单宁	LY/T 1641—2005 食用单宁酸	砷：≤3μg/g 铅：≤5μg/g 重金属（以 Pb 计）：≤20μg/g

续表

类别	序号	名称	执行标准	安全限量指标
辅料及加工助剂	18	碳酸钙（降酸剂）	GB 1886.214—2016 食品安全国家标准 食品添加剂 碳酸钙（包括轻质和重质碳酸钙）	砷：≤3.0mg/kg 铅：≤3.0mg/kg 汞：≤1.0mg/kg 镉：≤2.0mg/kg
	19	氢氧化钠	GB 1886.20—2016 食品安全国家标准 食品添加剂 氢氧化钠	砷：≤3.0mg/kg 汞：≤0.1mg/kg 重金属（以 Pb 计）：≤5mg/kg
	20	三氯蔗糖	GB 25531—2010 食品安全国家标准 食品添加剂 三氯蔗糖	甲醇：≤0.1% 铅：≤1mg/kg
	21	甘油	GB/T 13206—2011 甘油	砷（以 As 计）：≤2mg/kg 重金属（以 Pb 计）：≤5mg/kg
	22	冰乙酸	GB 1886.10—2015 食品安全国家标准 食品添加剂 冰乙酸（又名冰醋酸）	砷：≤1mg/kg 重金属（以 Pb 计）：≤2mg/kg
	23	食用香精	GB 30616—2020 食品安全国家标准 食品用香精	砷：≤3mg/kg 甲醇：≤0.2% 重金属（以 Pb 计）：≤10mg/kg
	24	乳酸	GB 1886.173—2016 食品安全国家标准 食品添加剂 乳酸	砷：≤1mg/kg 铅：≤2mg/kg 氰化物：≤5mg/kg
	25	香兰素	GB 1886.16—2015 食品安全国家标准 食品添加剂 香兰素	砷：≤3mg/kg 重金属（以 Pb 计）：≤10mg/kg
	26	焦糖色	GB 1886.64—2015 食品安全国家标准 食品添加剂 焦糖色	铅：≤2.0mg/kg 砷：≤1.0mg/kg 总汞：≤0.1mg/kg 4-甲基咪唑：≤0.02%
	27	硅藻土	GB 14936—2012 食品安全国家标准 食品添加剂 硅藻土	铅（以 Pb 计）：≤4.0mg/kg 砷（以 As 计）：≤5.0mg/kg
	28	皂土	国际葡萄酿酒药典：葡萄酿酒辅料标准	砷：<4mg/kg 重金属（以 Pb 计）：<20mg/kg
	29	PVPP	国际葡萄酿酒药典：葡萄酿酒辅料标准	砷：<2mg/kg 重金属（以铅计）：<20mg/kg
	30	过滤纸板	GB/T 25435—2010 精细过滤纸板 GB 4806.8—2016 食品安全国家标准 食品接触用纸和纸板材料及制品	铅：≤3.0mg/kg 砷：≤1.0mg/kg
	31	活性炭	GB 29215—2012 食品安全国家标准 食品添加剂 植物活性炭（木质活性炭）	铅：≤5mg/kg 砷：≤3mg/kg
	32	焦亚硫酸钾	GB 25570—2010 食品安全国家标准 食品添加剂 焦亚硫酸钾	铁：≤10mg/kg 铅：≤2mg/kg 砷：≤2mg/kg 硒：≤5mg/kg 重金属（以 Pb 计）：≤5mg/kg
容器、包装材料（与酒直接接触）	33	橡木桶	橡木桶团体标准（T/CBJ 4102—2019） GB 31604.32—2016（检测方法） GB 31604.49—2016（检测方法）	迁移物： 二氧化硫，≤10mg/kg； 铅（Pb），≤0.05mg/kg； 镉（Cd），≤0.02mg/kg； 砷（As），≤0.04mg/kg
			橡木桶团体标准（T/CBJ 4102—2019） SN/T 2204—2015（检测方法） SN/T 3940—2014（检测方法）	残留物： 五氯苯酚，≤0.15mg/kg； 三氯苯酚，≤2.0mg/kg； 三氯苯甲醚（TCA），≤0.6mg/kg； 三溴苯甲醚（TBA），≤0.6mg/kg

续表

类别	序号	名称	执行标准	安全限量指标
容器、包装材料（与酒直接接触）	33	橡木桶	橡木桶团体标准（T/CBJ 4102—2019） GB 4789.3—2016（检测方法） GB 4789.4—2016（检测方法） GB 4789.15—2016（检测方法）	微生物： 大肠杆菌（MPN/50cm²），不得检出 沙门氏菌，不得检出 霉菌，≤50CFU/g
	34	玻璃酒瓶	GB 4806.5—2016 食品安全国家标准 玻璃制品	溶出量： 铅，≤0.75mg/L； 镉，≤0.25mg/L
	35	110mL 瓶	GB 4806.5—2016 食品安全国家标准 玻璃制品	溶出量： 镉，≤0.5mg/L； 铅，≤1.5mg/L
	36	瓷坛	GB 4806.4—2016 食品安全国家标准 陶瓷制品	镉，≤0.25mg/L 铅，≤1.0mg/L
	37	瓶盖内垫（防盗盖）	GB 4806.7—2016 食品安全国家标准 食品接触用塑料材料及制品	重金属（以 Pb 计）（4%乙酸 60℃ 2h）：≤1mg/kg
	38	软木塞（丁字塞）	GB/T 23778—2009 酒类及其他食品包装用软木塞	菌落总数：≤5CFU/只

本章小结

葡萄酒中主要的安全性指标，按其来源可分为：来源于原料、来源于微生物代谢物及发酵产物、来源于加工助剂和添加剂与其他来源 4 类。按对产品的危险等级可分为一级安全性指标、二级安全性指标和三级安全性指标。

赭曲霉毒素 A（OTA）、氨基甲酸乙酯（EC）、塑化剂、生物胺、甲醇及杂醇油等主要安全性指标的影响因素涵盖种植过程（葡萄原料）、酿造过程（发酵控制）、储存过程（储运、仓库）。

安全性指标的主要控制措施包括：加强葡萄原料的氮素控制，优选发酵辅料（酵母、乳酸菌），严格控制发酵条件（温度、卫生），降低发酵、储存温度，加强原辅料采购环节的管控，严格控制外源物质的进入，强化管理设备设施，严格执行 GB 9685—2016《食品安全国家标准　食品接触材料及制品用添加剂使用标准》的相关规定。

国家食品管理相关部门出台了 40 余项食品安全标准及规范，涉及葡萄酒安全指标及限量标准 100 余项。在产品生产过程中，应加强对相关原料、辅料、加工助剂、包装材料的抽查检验，确保产品质量安全和卫生符合国家相关法律法规的要求。

主要参考文献

梁萌萌，薛洁，2013. 葡萄酒中氨基甲酸乙酯的分析与控制. 酿酒科技，3：40-43

梁新红，孙俊良，2009. 葡萄酒中氨基甲酸乙酯形成及质量控制. 酿酒科技，10：32-34

吴世嘉，王洪新，2009. 发酵食品中氨基甲酸乙酯的研究进展. 化学与生物工程，26（9）：15-18

于英，李记明，2012. 葡萄酒中氨基甲酸乙酯的含量测定及酿造工艺对其含量的影响. 食品与发酵工业，

38（1）：118-121

中国酒业协会，2020. T/CBJ 4102—2019 橡木桶团体标准

Comité de Rédaction，2016. Guide de bonnes pratiques d'hygiène filière vins-Évaluation des risques et moyens de maîtrise. R36.5 du 05/09/2016

FAO/WHO，2007. Codex Alimentarius：Code pour la prévention et la réduction de l'OTA au vignoble. http://www.codexalimentarius.org/download/standards/10750/CXP_063f.pdf[2021-08-21]

GB 2762—2022 食品安全国家标准　食品中污染物限量

GB 2763—2021 食品安全国家标准　食品中农药最大残留限量

GB 9865—2016 食品安全国家标准　食品接触材料及制品用添加剂使用标准

Jiao Z，Dong Y，Chen Q，2014. Ethyl carbamate in fermented beverages：presence，analytical chemistry，formation mechanism，and mitigation proposals. Comprehensive Reviews in Food Science and Food Safety，13：611-623

OIV，2005. Code of Sound Vitivinicultural Practices in Order to Minimise Levels of Ochratoxin a in Vine-Based Products. https://www.oiv.int/public/medias/2771/viti-oeno-1-2005-en.pdf[2022-03-20]

OIV，2011. Code of Good Vitivinicultural Practices in Order to Minimise the Presence of Biogenic Amines in Vine-Based Products. https://www.oiv.int/public/medias/2766/oiv-cst-369-2011-en.pdf[2022-03-20]

OIV，2022. International Code of Oenological Practices. https://www.oiv.int/en/technical-standards-and-documents/oenological-practices[2022-03-20]

Whiton R，Zoecklein B，2002. Determination of ethyl carbamate in wine by solid-phase microextraction and gas chromatography/mass spectrometry. Am J Enol Viticult，53（1）：60-63

Wu P，Pan X，Wang L，et al，2012. A survey of ethyl carbamate in fermented foods and beverages from Zhejiang，China. Food Control，23（1）：286-288

Zhang Y，Zhang J. 2008. Optimization of headspace solid-phase microextraction for analysis of ethyl carbamate in alcoholic beverages using a face-centered cube central composite design. Anal Chim Acta，627（2）：212-218

Zhao X，Du G，Zou H，et al，2013a. Progress in preventing the accumulation of ethyl carbamate in alcoholic beverages. Trends Food Sci Technol，32（2）：97-107

Zhao X，Zou H，Fu J，et al，2013b. Nitrogen regulation involved in the accumulation of urea in *Saccharomyces cerevisiae*. Yeast，30（11）：437-447

附件 1　葡萄酒厂卫生管理及清洗消毒方案

1. 采收机

（1）用前检查。

（2）用后冲洗。

2. 运输车及采收设备（筐、背筐、周转箱、采收机等）

（1）定期冲洗。

（2）雨后及时冲洗。

（3）长途运输或葡萄破损、病变、霉烂时：冲洗、消毒。

3. 小型器具的洗涤消毒

塑料筐、塑料桶等：冲洗—$Ca(OCl)_2 \cdot 3H_2O$溶液或 NaOCl、漂白粉、洗衣粉溶液浸泡—冲洗。

竹、木制器具：

方案 1，刷洗—沸水（加入一定量Na_2CO_3）洗涤—大水冲洗。

方案 2，100g/L 酸性亚硫酸钙溶液洗涤。如器具有霉味或酸味，则需将酸性亚硫酸钙溶液与器具接触 20～30min，然后用清水充分洗涤。

4. 加工车间（除梗破碎与压榨场地）

（1）墙壁与屋顶（若在室内）：发酵季节开始前用石灰水或涂料粉刷、消毒，始终注意保持干燥以防霉菌滋生。

（2）地面：及时清扫，冲洗。

（3）果梗：及时清除，运输。

（4）积水：及时排除。

（5）脏物：及时清除。

5. 设备（破碎机、除梗机、果汁分离机、压榨机等）

使用后：清洗。

使用前：清洗或清洗消毒。

加工前应将管路连接好，使之形成闭合回路，以便于用洗涤液进行循环洗涤。

清洗：①先用水冲洗，并刷净设备上的附着物；②兑好 1%纯碱和硅酸钠混合液，或 1%的氢氧化钠和硅酸钠混合液，也可用磷酸三钠代替氢氧化钠。用以上洗涤液在系统中循环，直到整个设备干净时为止；③用 2%的柠檬酸液处理整个系统；④用水冲洗整个系统，备用。

消毒（使用活性干酵母时）：①用 0.2%的SO_2溶液循环消毒 30min；②用蒸汽循环消

毒 20min；③用 90℃热水循环消毒 30min。

6. 发酵车间（场地）

（1）良好、合理的水管网络设计。

（2）所有发酵罐、贮酒罐、梯子、通道、栏杆等外表面应用水彻底冲洗，保持干净，避免灰尘、污物积留。

（3）清理死角。

（4）方便清洗的水头点。

（5）足够的压力。

（6）良好、合理的污水排除系统：①发酵罐等设施旁应设排水沟；②利于污水的迅速排除；③排水时防止皮渣等脏物污染、堵塞；④地面应有合理的坡度；⑤避免地面积水、泥泞，可设置明的排水沟。

（7）保持地面、墙壁的干燥。

（8）保持良好的卫生状况，尤其发酵季节开始前，墙壁、屋顶及水泥发酵池等外表面用石灰水粉刷、消毒。

7. 与葡萄酒直接接触的设施（酒泵、管道、周转容器、酒瓶）

1）甜酒　清洗、消毒、灭菌后使用，并保持高的 SO_2 水平及低温，必须特别小心!

2）含残糖的酒　清洗、消毒。

3）不需进行 MLF 的干酒　①尽可能灭菌以避免 MLF。②罐：熏硫。③泵、管道：冲洗、消毒。

4）进行 MLF 前的干酒　①冲洗，不必消毒。②满罐贮存，避免醋酸菌感染。

5）完成 MLF 的干酒　清洗、消毒后使用。

8. 发酵罐

（1）新不锈钢罐的钝化。

（2）碳钢罐、水泥发酵池的涂层敷设及检查、修补。

（3）采用自然酵母发酵时，发酵罐清洗干净，无残留酒石、霉菌即可，不必消毒，泵及管道每次用后用高压水冲洗。

（4）采用商业化酵母发酵时：发酵罐应每次冲洗、消毒。

发酵罐清洗消毒：有 4 个方案，其中方案一和方案二见附表 1.1 和附表 1.2。

附表 1.1　方案 1：碱洗—酸洗—杀菌

顺序	操作	温度	时间	备注
1	排除 CO_2，用清水冲洗残留物至水清	常温	约 5min	排掉
2	1.5% NaOH 加 0.3%氢氧化钠添加剂	常温	40min	回收
3	用清水冲洗	常温	约 5min	排掉
4	1%酸性洗涤剂	常温	30min	回收
5	用清水冲洗	常温	5min	排掉
6	0.3%～0.5%过氧乙酸杀菌剂	常温	10～20min	排掉或回收
7	冲洗			

附表 1.2 方案 2：酸洗—杀菌

顺序	操作	温度	时间	备注
1	用清水冲洗残留物至水清	常温	约 5min	排掉
2	2%酸性洗涤剂洗涤	常温	40min	回收
3	用清水冲洗	常温	约 5min	排掉
4	0.3%～0.5%过氧乙酸杀菌剂 Weicoper	常温	10～20min	排掉或回收
5	冲洗			

方案 3：冲洗—NaOH 溶液清洗—柠檬酸溶液清洗—冲洗。

方案 4：Na_2CO_3 或 NaOH 溶液冲洗或喷淋冲洗循环。

9. 泵及管道

冲洗：高压水（或冲洗循环）；冲洗—NaOH 溶液清洗—柠檬酸溶液清洗—冲洗。

消毒：蒸汽（30min）；热水（90℃）；1% NaOH（45min）。

10. 过滤机

粗滤机及泵、管道：①冲洗—清洗—循环消毒—冲洗。②消毒：热水（90℃，$<5\times10^4$Pa，30min）；蒸汽（≥45min）；或用化学消毒。

精滤机及泵、管道、罐装缓冲罐：冲洗—清洗—循环消毒—杀菌—无菌水冲洗。

过滤机使用后，必要时要进行拆卸冲洗或刷洗。

11. 灌装车间

（1）良好的卫生状态。

（2）空气过滤装置。

（3）地面、墙壁、天花板一尘不染。

（4）卫生要求极严区域（从灌装至打塞）的密闭隔离。

（5）灌装间杀菌：每班前紫外线灯杀菌 30min 以上。

12. 灌装机

（1）定时对罐装机内部进行清洗杀菌。

（2）外部使用热水和清洗剂进行清洗杀菌。

灌装机清洗杀菌方案 1 如下。

清洗：冲洗—NaOH 溶液清洗—柠檬酸溶液清洗—冲洗。

杀菌：①蒸汽（30～60min）杀菌；②热水（≥85℃，≥20min）杀菌；③过氧化物杀菌—无菌水冲洗；④臭氧发生器—臭氧杀菌。

灌装机清洗杀菌方案 2 见附表 1.3。

附表 1.3 灌装机清洗杀菌方案 2

顺序	操作	温度	时间	备注
1	用清水冲洗残留物至水清	常温	约 5min	排掉
2	1.5% NaOH 加 0.3%氢氧化钠添加剂	60～80℃	30min	回收
3	用清水冲洗	常温	约 5min	排掉
4	1%酸性洗涤剂	常温	20min	回收

续表

顺序	操作	温度	时间	备注
5	用清水冲洗	常温	5min	排掉
6	0.3%中性杀菌剂	常温	贮存至下次开机	
7	冲洗			

13. 打塞机（机头）

（1）酒精（70%）杀菌。

（2）热烤。

（3）用杀菌液浸泡—冲洗。

（4）2%亚硫酸清洗—无菌水冲洗。

14. 木塞

用1%亚硫酸温水溶液浸泡≥6h，沥干后使用。

15. 管道

（1）固定（金属）管道：蒸汽消毒或1%亚硫酸溶液冲洗。

（2）软管：冲洗—5%甲醛溶液浸泡—1%亚硫酸溶液清洗—冲洗—沥干。

16. 酒瓶

方案1：手工清洗　冲洗—浸泡—刷洗—冲洗—1%亚硫酸冲洗或SO_2杀菌机杀菌—无菌软水喷淋冲洗—沥干（瓶架）。

方案2：用手工或洗瓶机清洗　洗瓶机碱槽2%NaOH+NaOH添加剂—热水槽加阻垢剂—冷水槽加杀菌剂—0.3%～0.5%过氧乙酸杀菌剂—冲洗。

方案3　清水经过除菌膜过滤后用冲瓶机进行重冲洗。

17. 灌装线输送带

冲洗—消毒—使用具有杀菌和清洗性能的高效链条润滑剂。

18. 橡木桶的常规处理

方案1　桶口向下倒空木桶中的内容物，排干—使用带旋转喷雾头的桶式清洗器高压冷水（100～3000psi，7～200bar，0.7～20MPa）冲洗3min—60～82℃热水冲洗3～5min—沥干—熏硫（5～7.5g/桶）。

方案2

（1）首次使用的橡木桶，必须经过技术人员的检验，无异味后方可用来贮酒。先用洁净的清水浸泡新橡木桶，方法如下：①在木桶中注入约100L洁净的水，左旋转将新桶浸泡，左旋转90°角放置3h、右旋转90°角放置3h，在此过程中观察木桶是否渗漏，无异常后，将水排出控干。②用60℃热水高压清洗1~3min，然后控干，并用5g硫黄片熏硫处理，然后塞紧桶塞。

（2）已经用来贮藏葡萄酒的木桶，出酒后立即用洗桶机接高压水进行清洗，以除去木桶内壁的酒石，清洗干净的木桶口向下控干水分，并用5g硫黄片熏硫处理，然后塞紧桶塞。

附件 2　葡萄酒厂良好操作规范

作业一、容器、设备、管道的清洗杀菌

生产中所有与（葡萄）酒接触的设备、器具，包括葡萄的机械处理设备、发酵罐、陈酿罐、过滤机、灌装机、清酒罐、输酒管道等及其他用具，用前都要彻底清洗干净、杀菌后再用。

（1）设备、管道、酒泵等的安装、连接：将相关工序所需设备及其零配件安装并连接好，用清水进行冲洗后，再行清洗杀菌。

（2）清洗、杀菌操作：①水洗，用清水冲洗 3～10min；②碱洗，1.5% NaOH 溶液清洗 20～60min；③水洗，用清水冲洗 3～10min；④酸洗，用 1.5%柠檬酸溶液清洗 20～40min；⑤最后用无菌清水冲洗 3min 以上，至干净，复核清洗水至中性（pH 为 7.0～7.5）；⑥杀菌，用蒸汽杀菌≥45min，控净余水。

（3）小型器具的清洗杀菌：生产中所用的小型器具，用前先用清水洗净，再在 1% NaOH 溶液浸泡 10min，再用无菌水冲洗干净后用酒精涂抹杀菌，确保干净无污后使用。其他材质的小型器具的清洗杀菌见附件 1。

（4）设备保养：酒罐、过滤机、酒泵、管道等设备，用后用清水清洗干净，并将其零部件拆卸清洗后，在车间指定位置摆放整齐。相应设备还需按其说明书进行保养。

（5）车间杀菌：灌装车间下班前车间用紫外线灯杀菌 30min 以上；其他车间下班前清扫（洗）干净。

作业二、陈酿管理

1）贮酒卫生管理

（1）贮酒车间要求通风良好，每天通风 1 或 2 次，保持车间空气清新。

（2）车间门窗具备防蝇、防鼠设施，防止蚊蝇、昆虫、老鼠等有害动物进入车间。

（3）车间物品摆放整齐、有序，禁止乱摆乱放。

（4）车间内不得存放与生产无关的物品，严禁存放有毒有害的物品。

（5）所有与酒接触的器具用前清洗干净，杀菌彻底，保证清洁、卫生、安全。

（6）贮酒罐、酒泵、输酒管道及其他用具用后要清洗干净，控净余水，在车间指定位置摆放整齐。

（7）严禁铁、铜制器具与酒接触。

（8）每天上班后打扫卫生，清洗车间，保证车间卫生、整洁。

（9）定期用 200mg/L 亚硫酸溶液喷洒车间地面、墙壁、下水道等处，杀菌一次。

（10）车间墙壁、污水沟等处，不得有长霉现象，如发现有霉菌菌落，立即用清水冲洗干净，并用过氧乙酸杀菌。

2）原酒管理作业

（1）贮酒罐要统一编号，标识清楚。

（2）贮酒原则：①满罐贮存，尽量减少酒与空气接触，满罐后，在罐顶用焦亚硫酸钾漂浮盘封顶，不能满罐贮存的，充 CO_2 或 N_2 排除上余空气贮存。②密封贮存，防止空气侵入。③单品种存放。

（3）添桶（罐）：①新原酒由于降温和 CO_2 释放及酒的蒸发，经常出现液面下降，因此，必须随时将酒添满，目的是尽量减少酒与空气接触。②添桶原则：同品种、同质量、同年份。③添桶方法：用同品种、同质量的原酒将罐添满，然后在罐顶用焦亚硫酸钾漂浮盘封顶，防止杂菌侵入。④添桶周期：新酒一周一次，老酒两周一次。

（4）换桶（罐）：①为了将清酒与酒脚适时分开，以免酒脚中的有害物质污染葡萄酒，影响酒的质量。②新原酒在酒精发酵结束之后要进行第一次换桶，一般新原酒在冬季来临之前进行第一次换桶，第二年春季再进行一次换桶，以后根据情况适时换桶。

（5）换桶（罐）方法：采用虹吸法，严禁酒脚混入清酒中，清酒满桶（罐）密封贮存，酒脚单独存放，满桶（罐）后及时调整。

（6）贮存的每桶（罐）酒都要有完整的分析报告单，以方便查验。

（7）每周进行一次质量检查，对产品质量做到了如指掌。

（8）每三个月进行一次全面的质量分析，并及时作相应的成分调整。

（9）酒贮存的桶（罐）号、品种、数量、质量、年份等信息记录清晰、完整。

作业三、下胶

1）以明胶为下胶材料

（1）白葡萄酒根据酒的蛋白质含量采用明胶和皂土进行下胶澄清。

（2）明胶和皂土的用量由下胶试验确定。

（3）单宁：根据下胶情况判定是否添加，在下胶前一天将单宁加入并搅拌均匀。单宁用量：明胶∶单宁=1∶0.8，单宁用 60%（*V*/*V*）左右酒精溶化。60%（*V*/*V*）酒精用量：60%（*V*/*V*）酒精∶单宁=5∶1。

（4）泡胶：下胶前一天将由下胶试验确定用量的明胶用冷软水浸泡，第二天将浸泡明胶的水倒去，再加 10 倍其质量的软水，在水浴上加热，并保持 50～55℃进行化胶，不断搅拌，直至胶液呈透明状态，立即加入酒中，加胶时胶液以细绳状倒入酒中，边加边搅拌，加后搅拌均匀。

（5）加胶 24h 后加膨化好的皂土，皂土须提前一天膨化。皂土膨化方法：将 15 倍皂土质量的软水加入皂土中，边加边搅拌，接着膨化 24h，中间每隔 2h 搅拌 1 次，让皂土充分吸收水分，皂土膨化好后慢慢加入酒中，加后搅拌均匀。

（6）分离过滤：经以上工艺处理后的酒体，静置澄清 5～7d，进行分离过滤，分离采用虹吸法，过滤采用硅藻土过滤机，滤后的酒体要澄清透明。

2）以蛋白为下胶材料

（1）红葡萄酒采用蛋白和皂土进行下胶澄清。

（2）蛋白和皂土用量由下胶试验确定。

（3）依据配方要求称取需要量的蛋白和皂土。

（4）蛋白溶化方法：用纯净水将蛋白调成浆状，并搅拌均匀，用水总量为蛋白的 8～10 倍。

（5）将溶化好的蛋白徐徐加入酒中，速度以细绳状为好，边加边搅拌，加后搅拌均匀。

（6）加蛋白24h后再加膨化好的皂土，皂土须提前24h膨化。膨化方法：将称量好的皂土加入软水中（皂土∶水=1∶15），边加边搅拌，膨化24h，中间每2h搅拌一次，让皂土充分吸收水分，膨化好的皂土慢慢加入酒中，搅拌均匀。

（7）分离过滤：经以上工艺处理后的酒体，静置澄清5～7d，进行分离过滤，分离采用虹吸法，过滤采用硅藻土过滤机，滤后的酒体要求澄清透明。

作业四、分离

将清酒和酒脚分开的操作叫分离，一般加过胶的酒，酒液澄清后，或者原酒贮存一定时间，形成了酒脚，都要进行分离操作。其操作流程如下。

（1）将酒泵、管道和清酒罐，按清洗、杀菌作业指导书进行清洗、杀菌。

（2）核对罐号、品种、数量，准确无误后进行分离操作。

（3）分离：分离采用虹吸法，即从罐的上部将清酒与酒脚分开，吸管随液面下降慢慢往下延伸，直至清酒分离完，严禁酒脚混入清酒中。

（4）分离后的清酒进行过滤，酒脚单独存放。

（5）清酒分离过滤结束后，将过滤机、管道内的残酒收集，并入酒脚存放。

（6）用清水清洗管道、酒泵、分离后的酒罐及过滤机，清洗干净后在车间指定位置摆放整齐。

（7）打扫工作场地卫生。

（8）认真填写工作记录，做到记录清晰、完整。

作业五、调配

（1）调配用酒泵、管道和调配罐，用前按作业指导书进行清洗、杀菌、控净余水。

（2）认真核对调配配方，按配方要求精确计算原酒用量；所用原酒均符合质量标准。

（3）将调配配方所用原酒泵入调配罐，并搅拌均匀，取样化验调配酒的理化指标。要求调配酒的理化指标符合产品内控指标和国家标准。

（4）调配酒的理化指标合格后交下道工序。

（5）调配结束将管道内残酒收集并入调配罐。

（6）工作结束后用清水清洗，将酒泵、管道清洗干净，并在车间指定位置摆放整齐。

（7）打扫卫生，用清水将工作场地打扫干净。

（8）认真填写工作记录，做到记录清晰、完整。

作业六、过滤

1）硅藻土过滤

（1）将硅藻土过滤机、酒泵、管道、清酒罐按清洗杀菌作业指导书进行清洗、杀菌，控净余水后再用。

（2）预涂硅藻土：将要过滤的酒泵入过滤机添加桶，开启产品泵过滤机充满酒液后，向添加桶添加适量的纤维素，开启添加泵，待纤维素基本被吸附到滤盘上后添加硅藻土。硅藻土的添加方法是，先加粗藻土后加细藻土，控制调节添加泵，控制硅藻土添加量，通过视镜观察滤液的透明度。

（3）正常过滤：待硅藻土预涂饼形成，酒体澄清透明后，向添加桶中加入适量硅藻土，调节添加泵，控制硅藻土添加量，再轻轻开启滤往清酒罐的阀门，保持滤后的酒澄清透明，同时开启酒泵将待滤酒液泵入添加桶，调节流量保持过滤速度和泵酒速度相等，进行正常过滤。

（4）终过滤：待滤酒液快结束时，将添加桶内的酒液吸空，关闭添加泵，使酒液在过滤机内循环，通过视镜观察到酒液澄清透明后，打开产品泵，等滤室内无液体时，关闭产品泵，过滤结束。

（5）过滤结束后，收集过滤机，管道内残酒单独存放。

（6）清洗过滤机：①打开滤室下部卸渣门，开启振动器，将滤盘上的硅藻土排掉；②打开进水阀门，开启产品泵，调节喷头控制杆清洗滤室内壁；③清洗管道和阀门。

（7）用清水清洗酒泵、输酒管道，控净余水后在车间指定位置摆放整齐。

（8）工作结束后，打扫工作场地卫生。

（9）认真填写工作记录，做到记录清晰、完整。

2）错流过滤

（1）将错流过滤机、酒泵、管道、清酒罐按清洗杀菌作业指导书进行清洗、杀菌，控净余水后再用。

（2）开机前先检查压力表和温度表是否正常，线路是否完好，空压机各部位是否正常。

（3）开始过滤之前，要先进行清洗，一般情况下，进行冷水清洗即可。如果机器中原有浸泡滤柱的酸性清洗剂溶液，先排空浸泡液，再用清水清洗，观察水流量达到9000L/h时，即可视为清洗干净。

（4）开始过滤时，确保连接到机器、容器和下水道上的所有管路连接牢靠，所有的阀门开关正确，然后进入正常生产程序，保持压缩空气的压力达到6kg/cm^2（0.588MPa）。

（5）过滤过程中，观察流量，如果流量迅速减少至1000L/h以下，则需要进行清洗。

（6）当天使用完毕，将酒排空。先进行热水清洗，然后使用3%的碱性清洗剂溶液进行清洗，用清水冲干净后，使用0.83%的酸性清洗剂溶液清洗，最后用水洗干净。

（7）生产完毕后，根据保存时间确定滤膜浸泡液种类，用3%的碱性清洗剂溶液浸泡。

（8）用化学清洗剂时，必须穿戴防护衣和防护眼镜。进行维护和维修时，必须切断电源和压缩空气。

作业七、冷冻

（1）将冷冻用管道、酒泵、冷冻机按清洗、杀菌作业指导书进行清洗、杀菌。

（2）确认冷冻酒的品种、罐号，并将酒泵、管道与之连接好。

（3）检查冷冻机各系统，确保无误。

（4）开启冷冻机排风系统，打开酒罐阀门和酒泵供酒，然后开启冷冻机进行冷冻。

（5）冷冻期间开启酒泵进行不间断循环，防止结冰。

（6）冷冻要求：①在不结冰的情况下，温度尽量降低。②冷冻温度：干红系列−7～−5℃；甜红系列−6～−5℃；干白系列−5.5～−4.5℃；甜白系列−5.5～−4.5℃。③保温时间：7～15d。④在保温期间由专人负责检查品温，温度偏差范围控制在±0.5℃，根据温度监测结果，随时开机冷冻降温。

（7）保温过滤：冷冻 7～15d 后进行保温过滤，过滤用错流过滤机，在冷冻温度下进行，过滤后的酒应澄清透明。

（8）过滤用清酒罐按清洗、杀菌作业指导书进行清洗、杀菌、控净余水。

（9）过滤结束，将冷冻机、过滤机、酒泵、管道、冷冻罐内残酒收集单独存放，并用清水清洗干净；酒泵、过滤机、管道等在车间指定位置摆放整齐。

（10）打扫卫生：用清水将工作场地打扫干净。

（11）认真填写工作记录，做到记录清晰、完整。

作业八、除菌过滤

（1）将过滤无菌纸板安装好，并将过滤机、酒泵、清酒罐、管道各部件按作业指导书进行清洗、杀菌。

（2）确认要过滤的酒的品种、罐号，并将酒罐与酒泵用管道连接好。

（3）无菌过滤：开启酒罐阀门进料，排除管道和过滤机内空气，开启过滤机供料泵，再慢慢地打开过滤机出料阀门，进行无菌过滤，过滤时滤机的进出口压差不得超过 0.15MPa，滤后的酒应符合卫生及感官指标。

（4）膜过滤：酒灌装时再进行一次膜过滤，膜过滤是由灌装罐经膜过滤进入灌装机，用 0.45μm 微孔膜过滤。

（5）过滤结束，将过滤机、管道内残酒收集，交贮酒车间单独存放。

（6）用无菌水清洗过滤机、酒泵、管道等，并在车间指定位置摆放整齐。

（7）工作结束后打扫卫生：保持工作场所整洁、卫生。

（8）认真填写工作记录，做到记录清晰、完整。

作业九、灌装

（1）将膜过滤机（先不装膜）、酒泵和管道按清洗杀菌作业指导书进行清洗、杀菌；过滤膜在 75%酒精中浸泡 5min 进行杀菌，沥干后装入膜过滤器；然后与灌装机和灌装罐连接好。

（2）压塞机木塞贮斗和压塞刀用 75%酒精擦洗消毒；将杀菌后的木塞装入木塞贮斗。

（3）泵酒入灌装机，调整灌装机灌装精度，使所装酒水平线与标定样基本一致；高度误差为±2mm，容量误差 750mL 瓶的灌装量应≥752mL，10 瓶平均不能有负差。

（4）上瓶：将密封消毒瓶放在运输链条上，并检查空瓶，如有沙眼、裂纹、歪斜及其他脏物应及时剔除。

（5）冲瓶：先打开紫外线杀菌器，5min 后开启水泵供无菌水，随后开启冲瓶机用无菌水冲瓶。

（6）灌装、打塞：启动灌装机和压塞机，酒灌装后立即压塞。

（7）上瓶、冲瓶、灌装、压塞速度要协调一致，以免过快或过慢，影响正常生产。

（8）灌装结束：①将灌装机、膜过滤器和管道内残酒收集交贮酒车间贮存。②剩余木塞要密封交仓库存放。

（9）先将灌酒机及管道、膜过滤器、酒泵用清水清洗 10min 左右，用不低于 0.2%的碱性清洗剂清洗设备 20min 左右，再用清水清洗 10min 左右，然后用不低于 0.3%的过氧乙酸清洗设备 20min 左右，最后用不低于 0.3%的过氧乙酸浸泡灌酒机及管道、膜过滤器、酒泵。

（10）清理灌装间杂物，并用清水清洗地面。

（11）下班前用紫外线灯将灌装间杀毒1h。

作业十、灯检、热塑、喷码

（1）准备工作：①打开检验灯箱。②接通胶帽热塑机电源进行预热。③调试好喷码机，检查墨盒墨量（激光打码清晰度），核准生产日期。

（2）灯光检验：检验应逐瓶检验，检验后的酒应澄清透明，无沉淀及明显浮游物，更不允许有恶性夹杂物，肉眼可观察到的1mm以下的软木塞渣不得超过三个。

（3）检验合格品及时套上胶帽，要求胶帽与产品包装设计相符合，胶帽套到位、套牢。

（4）用自动胶帽热塑机热塑胶帽，热塑后的胶帽应收缩均匀，平整牢固，不得有掉顶、起皱及破损现象。

（5）喷码：用喷码机在产品胶帽上喷生产日期，要求喷码位置正确，字迹清晰。

（6）生产现场做到干净、整洁，地面无碎瓶、胶帽等杂物。

（7）工作结束后，清理地面杂物，打扫卫生。

作业十一、贴标装箱

（1）备好干净毛巾、瓶架、标板及胶等用具、物料。

（2）待贴标的酒瓶用干净毛巾擦干净，不得有污垢。

（3）贴标高度符合成品酒质量标准要求，大标、小标间隔均匀，对称适度，大标签不得贴在瓶缝线上，特殊瓶形按标定样执行。

（4）贴后的标签应平整、周正、牢固，不得有翘角、起皱、掉标现象。

（5）擦酒瓶时不扭动，不擦湿或损坏标签，擦后酒瓶应做到标签、瓶外壁无浆糊、污物，干净整洁。

（6）裹纸使用的考白纸应符合包装材料标准，底部盘成瓣状塞入瓶底凹部，上部盘成瓣状并盘死，裹后的产品应站立平稳，裹纸紧凑，不得与商标、酒瓶粘连，整齐美观。

（7）装箱：①按产品的装箱规定数量仔细地放入纸箱。②纸箱品名要与标签品名一致。③做到装够瓶数，不得漏装、多装、损坏瓶外包装物。

（8）上下封口用合格胶带黏合平整、牢固、干净。

（9）封装好的成品酒箱应周正、平稳、美观、大方，无歪斜或其他人为的外部破损等现象。

（10）工作完毕，清理地面杂物，清扫地面。